建筑工程技术创新与管理实践研究

程建仁　胡权　王东旭　著

中国商业出版社

图书在版编目（CIP）数据

建筑工程技术创新与管理实践研究 / 程建仁，胡权，王东旭著. -- 北京 : 中国商业出版社，2025. 5.

ISBN 978-7-5208-3447-6

Ⅰ. TU

中国国家版本馆CIP数据核字第2025YA2879号

责任编辑：郑　静

策划编辑：武维胜

中国商业出版社出版发行

（www.zgsycb.com　100053　北京广安门内报国寺1号）

总编室：010-63180647　编辑室：010-83128926

发行部：010-83120835/8286

新华书店经销

廊坊市旭日源印务有限公司印刷

*

787 毫米×1092 毫米　16 开　12.25 印张　194 千字

2025 年 5 月第 1 版　2025 年 5 月第 1 次印刷

定价：55.00 元

*　*　*　*

前 言

建筑工程是指按照一定的设计要求，通过施工活动建造建筑物或构筑物的过程。建筑工程的技术创新是指在建筑领域中应用新技术、新材料、新工艺，以提高工程质量、降低成本、缩短工期和保护环境。而建筑工程管理实践则是指在建筑工程中运用科学的管理理论和方法，以实现工程目标的有效控制和协调。

本书内容涵盖了建筑工程的基本概念、基础工程施工技术、装饰装修工程施工技术、建筑节能技术、绿色建筑技术、施工成本管理、施工安全管理以及施工资源管理等多个方面。通过建筑工程的技术创新，可以提高建筑的安全性、舒适性和环保性；而通过有效的管理实践，可以确保工程的顺利进行，提高工程效率和质量。本书的研究不仅有助于推动建筑行业的技术进步，也为实现可持续发展目标提供了理论支持。

综上所述，本书是一部理论与实践相结合、技术与管理相结合的综合性著作，具有很高的参考价值。

目　录

第一章 概述

第一节 建筑和建筑工程的概念

一、建筑的概念

建筑既表示建筑工程的建造活动，又表示这种活动的成果——建筑物。建筑是建筑物与构筑物的统称。建筑物是供人们生产、生活或从事其他活动的房屋或场所，如教学楼、体育馆、厂房、住宅、影剧院等。构筑物则是人们不在其中生产、生活的建筑，如烟囱、水塔、电塔、桥梁、堤坝等。

建筑的形成主要涉及建筑学、结构学、给水排水、供暖通风、空调技术、电气、消防、自动控制、建筑声学、建筑热工学、建筑材料、建筑施工技术等方面的知识和技术。同时，建筑也受到政治制度、自然条件、经济基础、社会需要以及人工技巧等因素影响。建筑在一定程度上反映了某个时期的建筑风格与艺术，也反映了当时的社会活动和工程技术水平。因此，建筑工程是一门集社会、工程技术和文化艺术于一体的综合性学科，是一个时代物质文明、精神文明和政治文明的产物。

二、建筑的基本构成要素

无论是建筑物还是构筑物，都是由三个基本要素构成的，即建筑功能、物质技术条件和建筑形象。

（一）建筑功能

所谓建筑功能，是指建筑在物质方面和精神方面的具体使用要求，也是人们建造房屋的目的。不同的功能需求产生了不同类型的建筑，如建造住宅是为了居住、生活和休息，建造工厂是为了生产，建造学校是为了学习，建造商店是为了买卖交易，建造影剧院是为了文化娱乐等。随着社会的不断发展和物质文化生活水平的提高，建筑的功能将日益复杂化、多样化。

（二）物质技术条件

建筑的物质技术条件是实现建筑功能的物质基础和技术手段。物质基础包括建筑材料与结构、建筑设备和施工机具等，技术条件包括建筑设计理论、工程计算理论、建筑施工技术和管理理论等。其中，建筑材料和结构是构成建筑空间环境的骨架，建筑设备是保证建筑达到某种要求的技术条件，而建筑施工技术则是实现建筑生产的过程和方法。

（三）建筑形象

建筑形象是建筑体型、立面式样、建筑色彩、材料质感、细部装饰的综合反映。好的建筑形象具有一定的感染力，给人以精神上的满足和享受，如雄伟庄严、朴素大方、简洁明快、生动活泼、绚丽多姿等。建筑形象并不单纯是一个美观的问题，它还应该反映时代的生产力水平、文化生活水平和社会精神面貌，反映民族特点和地方特征等。

在上述三个基本构成要素中，建筑功能是主导因素，它对建筑的物质技术条件和建筑形象起决定性作用；物质技术条件是实现建筑功能的手段，它对建筑功能起制约或促进的作用；建筑形象则是建筑功能、建筑的物质技术条件和建筑艺术的综合表现。在优秀的建筑作品中，这三者是辩证统一的。①

三、建筑工程的概念

建筑工程是指为新建、改建或扩建房屋建筑物和附属构筑物设施所进行的规划、勘察、设计和施工、竣工等各项技术工作和完成的工程实体，是指各种房屋、建筑物的建造工程，又称建筑工作量。

四、建筑工程的基本属性

建筑工程的基本属性包括以下几个方面。

①王丽梅，胡婷，黄小亚．建筑工程施工技术[M]．第2版．成都：西南交通大学出版社，2024.

（一）综合性

建造一项工程一般要经过勘察、设计和施工三个阶段，需要运用工程地质勘察、水文地质勘察、工程测量、土力学、工程力学、工程设计、建筑材料、建筑设备、工程机械、建筑经济等学科和施工技术、施工组织等领域的知识以及电子计算机和力学测试等技术。所以，建筑工程是一门范围广阔的综合性学科。

（二）社会性

建筑工程是伴随着人类社会的发展而发展起来的。所建造的工程设施反映出各个历史时期社会经济、文化、科学、技术发展的面貌，因而建筑工程也就成为社会历史发展的见证者之一。

（三）实践性

建筑工程涉及的领域非常广泛，因此影响建筑工程的因素极其复杂，使得建筑工程对实践的依赖性很强。

（四）技术、经济和建筑艺术上的统一性

建筑工程是为人类需要服务的，所以它必然是集一定历史时期社会经济、技术和建筑文化艺术于一体的产物，是技术、经济和建筑艺术统一的结果。

第二节 建筑物的分类与等级

一、建筑物的分类

（一）按建筑物的使用性质分

1. 民用建筑

民用建筑是指非生产性建筑，如各类学校、住宅、办公楼、商店、医院、电影院等。

2. 农业建筑

农业建筑是指用于农副业生产的建筑，如畜禽饲养场、粮仓等。

3. 工业建筑

工业建筑是指用于工业生产的建筑，如主要生产厂房、辅助生产厂房等。

（二）按主要承重结构材料分

1. 砖木结构建筑

建筑物的主要承重构件是砖和木材。其中墙、柱用砖砌，楼板、屋架用木材，如砖墙砌体、木楼板、木屋盖的建筑。

2. 砖混结构建筑

建筑物中的墙、柱用砖砌，楼板、楼梯、屋顶用钢筋混凝土。

3. 钢筋混凝土结构建筑

建筑物的主要承重构件如梁、柱、板及楼梯用钢筋混凝土，而非承重墙用砖砌或其他轻质砌块，如用装配式大板、大模板、滑模等工业化方法建造的建筑，用钢筋混凝土建造的高层、大跨度、大空间结构的建筑。①

4. 钢结构建筑

建筑物的主要承重构件由钢材做成，而用轻质块材、板材做围护外墙和分隔内墙，如全部用钢柱、钢屋架建造的厂房。

5. 钢筋混凝土结构建筑

如钢筋混凝土梁、柱和钢屋架组成的骨架结构厂房。

6. 其他结构建筑

如充气塑料建筑、塑料建筑、生土建筑等。

（三）按高度或层数分

1. 住宅建筑

低层1～3层，多层4～6层，中高层7～9层，10层及以上为高层。

2. 公共建筑及综合性建筑

建筑物总高度在24m以下者为非高层建筑，总高度在24m以上者为高层建筑（不包括高度超过24m的单层主体建筑）。

3. 超高层

不论住宅或公共建筑，超过100m均为超高层。

①张朋，魏时文，刘长龙. 现代建筑工程管理与施工技术应用[M]. 长春：吉林科学技术出版社，2023.

二、建筑物的分级

不同建筑的质量要求各异，为了便于控制和掌握，常按建筑物的耐久年限和耐火程度分级。

（一）建筑物的耐久年限

建筑物的耐久年限主要根据建筑物的重要性和建筑物的质量标准而定，是建筑投资、建筑设计和选用材料的重要依据（见表1-1）。

表1-1 按主体结构确定的建筑耐久年限分级

级别	适用范围	耐久年限/a
一	重要建筑和高层建筑	>100
二	一般性建筑	50～100
三	次要建筑	25～50
四	临时性建筑	<15

（二）建筑物的耐火等级

耐火等级取决于房屋的主要构件的耐火极限和燃烧性能。民用建筑物的耐火等级分为四级，如表1-2所示。它们是按组成房屋主要构件的燃烧性能和它们的耐火极限来划分的。

1. 构件的耐火极限

耐火极限是指任一建筑构件按时间—温度标准曲线进行耐火试验，从受到火的作用时起，到失去支撑能力或完整性被破坏或失去隔火作用时止的这段时间，用小时（h）表示。

2. 构件的燃烧性能

根据建筑材料在明火或高温作用下的变化特征，建筑构件的燃烧性能可分为三类。

不燃性。这种构件（如金属、砖、石、混凝土等）在空气中受到火烧或高温作用时，具有不起火、不微燃、不碳化的性能。

难燃性。这种构件（如板条抹灰墙等）在空气中受到火烧或高温作用时，具有难起火、难微燃、难碳化的性能。

可燃性。这种构件（如木柱、木吊顶等）在明火或高温作用下，具有立即起火或微燃的性能。

表1-2 不同耐火等级建筑相应构件的燃烧性能和耐火极限（h）

构件名称		耐火等级			
		一级	二级	三级	四级
墙	防火墙	不燃性3.00	不燃性3.00	不燃性3.00	不燃性3.00
	承重墙	不燃性3.00	不燃性2.50	不燃性2.00	难燃性0.50
	非承重外墙	不燃性1.00	不燃性1.00	不燃性0.50	可燃性
	楼梯间和前室的墙 电梯井的墙 住宅建筑单元之间的墙 分户墙	不燃性2.00	不燃性2.00	不燃性1.50	难燃性0.50
	疏散走道两侧的隔墙	不燃性1.00	不燃性1.00	不燃性0.50	难燃性0.25
	房间隔墙	不燃性0.75	不燃性0.50	难燃性0.50	难燃性0.25
柱		不燃性3.00	不燃性2.50	不燃性2.00	难燃性0.50
梁		不燃性2.00	不燃性1.50	不燃性1.00	难燃性0.50
楼板		不燃性1.50	不燃性1.00	不燃性0.50	可燃性
屋顶承重构件		不燃性1.50	不燃性1.00	可燃性0.50	可燃性
疏散楼梯		不燃性1.50	不燃性1.00	不燃性0.50	可燃性
吊顶(包括吊顶格栅)		不燃性0.25	难燃性0.25	难燃性0.15	可燃性

第三节 工程建设程序

工程建设的基本程序是指一栋房屋由开始拟订计划至建成投入使用必须遵循的程序。我国当前工程建设基本程序的内容和步骤主要有：前期工作阶段，主要包括项目建议书、可行性研究、设计工作；建设实施阶段，主要包括施工准备、建设实施；竣工验收阶段；后评估阶段。

一、前期工作阶段

（一）项目建议书

项目建议书是基本建设程序中最初阶段的工作，是投资决策前对拟建项目的总体设想。项目建议书的主要作用是论述建设的必要性、条件的可行性和获利的可能性，供基本建设管理部门选择并确定是否有必要进行下一步工作。项目建议书报经有审批权限的部门批准后，方可进行可行性研究工作。

（二）可行性研究

项目建议书一经批准，即可着手进行可行性研究。可行性研究是指在项目决策前，通过对与项目有关的工程、技术、经济等各方面条件和情况进行调查、研究、分析，对各种可能的建设方案和技术方案进行比较论证，并对项目建成后的经济效益进行预测和评价的一种科学分析方法，由此考察项目技术上的先进性和适用性，经济上的营利性和合理性，建设上的可能性和可行性。可行性研究是项目前期工作中最重要的内容，它从项目建设和生产经营的全过程考察分析项目的可行性，其目的是回答项目是否必须建设、是否可能建设和如何进行建设的问题，其结论为投资者的最终决策提供直接的依据。因此，凡大中型项目以及国家有要求的项目，都要进行可行性研究，其他项目有条件的也要进行可行性研究。

（三）设计工作

一般建设项目设计过程划分为初步设计和施工图设计两个阶段。对技术复杂而又缺乏经验的项目，可根据不同行业的特点和需要，在两个阶段间增加技术设计阶段。为解决总体部署和开发问题，还需进行规划设计或编制总体规划，规划审批后还需编制符合规定要求的实施方案。

1. 初步设计

初步设计的内容依项目的类型不同而有所变化，一般来说，它是项目的宏观设计，即项目的总体设计、布局设计，包括主要的工艺流程、设备的选型和安装设计，土建工程量及费用的估算等。初步设计文件应当满足编制施工招标文件、主要设备材料订货和编制施工图设计文件的需要，是下一阶段施工图设计的基础。

2. 施工图设计

施工图设计的主要内容是根据批准的初步设计，绘制出正确、完整和尽可能详细的建筑、安装图纸。施工图设计完成后，必须由施工图设计审查单位审查并加盖审查专用章后使用。审查单位必须是取得审查资格且具有审查权限要求的设计咨询单位。经审查的施工图设计还必须经有审批权限的部门审批。①

二、建设实施阶段

（一）施工准备

建设开工前的准备，主要内容包括征地、拆迁和场地平整，完成施工用水、电、路等工程；组织设备、材料订货，准备必要的施工图纸，组织招标投标（包括监理、施工、设备采购、设备安装等方面的招标投标）并择优选择施工单位，签订施工合同。

项目开工审批，建设单位在工程建设项目经过批准、建设资金已经落实、各项准备工作就绪后，应当向当地建设行政主管部门或项目主管部门及其授权机构申请项目开工审批。

（二）建设实施

1. 项目新开工建设时间

开工许可审批之后即进入项目建设施工阶段。开工之日，按统计部门的规定，是指建设项目设计文件中规定的任何一项永久性工程（无论生产性或非生产性）第一次正式破土开槽、开始施工的日期。公路、水库等需要进行大量土石方工程的项目，以开始进行土石方工程的日期作为正式开工日期。

2. 年度基本建设投资额

国家基本建设计划使用的投资额指标，是以货币形式表现的基本建设工作，是反映一定时期内基本建设规模的综合性指标，年度基本建设投资额是建设项目当年实际完成的工作量，包括用当年资金完成的工作量和动用库存的材料、设备等内部资源完成的工作量；而财务拨款是当年基本建设项目实际货币支出。投资额以构成工程实体为准，财务拨款以资金拨付为准。

3. 生产或使用准备

生产准备是生产性施工项目投产前所要进行的一项重要工作。它是基本建设程序中的重要环节，是衔接基本建设和生产的桥梁，是建设阶段转入生产经营的必要条件。使用准备是非生产性施工项目正式投入运营使用前所要

①肖义涛，林超，张彦平．建筑施工技术与工程管理[M]．长春：吉林人民出版社，2022.

进行的工作。

三、竣工验收阶段

（一）竣工验收的范围

根据国家规定，所有建设项目按照上级批准的设计文件所规定的内容和施工图纸的要求全部建成，工业项目经负荷试运转和试生产考核能够生产合格产品，非工业项目符合设计要求，能够正常使用的，都要及时组织验收。

（二）竣工验收的依据

按国家现行规定，竣工验收的依据是经过上级审批机关批准的可行性研究报告、初步设计或扩大初步设计（技术设计）、施工图纸和说明、设备技术说明书、招标投标文件和工程承包合同、施工过程中的设计修改签证、现行的施工技术验收标准及规范以及主管部门有关审批、修改、调整文件等。

（三）竣工验收的准备

竣工验收的准备主要有三个方面的工作：一是整理技术资料。各有关单位（包括设计、施工单位）应将技术资料进行系统整理，由建设单位分类立卷，交生产单位或使用单位统一保管。技术资料主要包括土建方面、安装方面及各种有关的文件、合同和试生产的情况报告等。二是绘制竣工图纸。竣工图必须准确、完整、符合归档要求。三是编制竣工决算。建设单位必须及时清理所有财产、物资和未花完或应收回的资金，编制工程竣工决算，分析预（概）算执行情况，考核投资效益，报规定的财政部门审查。竣工验收必须提供相应的文件资料。一般非生产性项目的验收要提供以下文件资料：项目的审批文件、竣工验收申请报告、工程决算报告、工程质量检查报告、工程质量评估报告、工程质量监督报告、工程竣工财务决算批复、工程竣工审计报告、其他需要提供的资料。

（四）竣工验收的程序和组织

按国家现行规定，建设项目的验收根据项目的规模大小和复杂程度可分为初步验收和竣工验收两个阶段。规模较大、较复杂的建设项目应先进行初验，然后进行全部建设项目的竣工验收。规模较小、较简单的建设项目，可以一次性进行全部建设项目的竣工验收。

生产性项目的验收根据行业不同有不同的规定。工业、农业、林业、水利及其他特殊行业，要按照国家相关的法律法规及规定执行。上述程序只是反映项目建设共同的规律性程序，不可能反映各行业的差异性。因此，在建设实践中，还要结合行业项目的特点和条件，有效地贯彻执行基本建设程序。

四、后评估阶段

建设项目后评估是工程项目竣工投产、生产运营一段时间后，再对项目的立项决策、设计施工、竣工投产、生产运营等全过程进行系统评价的一种技术经济活动。通过建设项目后评价以达到肯定成绩、总结经验、研究问题、吸取教训、提出建议、改进工作、不断提高项目决策水平和投资效果的目的。我国目前开展的建设项目后评估一般都按三个层次组织实施，即项目单位的自我评价、项目所在行业的评价和各级发展计划部门（或主要投资方）的评价。

第二章 基础工程施工技术

第一节 地基处理

任何建筑物都必须有可靠的地基和基础。建筑物的全部重量（包括各种荷载）最终将传给地基，因此，对某些地基的处理及加固就成为基础工程施工中的一项重要内容。在施工过程中如发现地基土质过软或过硬，不符合设计要求时，应本着使建筑物各部位沉降尽量趋于一致，以减小地基不均匀沉降的原则对地基进行处理。

在软弱地基上建造建筑物或构筑物，天然地基有时不能满足设计要求，需要对地基进行人工处理，以满足结构对地基的要求，常用的人工地基处理方法有换土地基、重锤夯实、强夯、振冲、砂桩挤密、深层搅拌、堆载预压、化学加固等。

一、换土地基

当建筑物基础下的持力层比较软弱，不能满足上部荷载对地基的要求时，常采用换土地基来处理。先将基础下一定范围内承载力低的软土层挖去，然后回填强度较大的砂、碎石或灰土等，并夯至密实。实践证明，换土地基可以有效地处理某些荷载不大的建筑物地基问题。例如，一般的三四层房屋、路堤、油罐和水闸等的地基。换土地基按其回填的材料可分为砂地基、碎（砂）石地基、灰土地基等。

（一）砂地基和砂石地基

砂地基和砂石地基是将基础下一定范围内的土层挖去，然后用强度较大的砂或碎石等回填，并经分层夯实至密实，以起到提高地基承载力、减少沉降、加速软弱土层的排水固结、防止冻胀和消除膨胀土的胀缩等作用。该地基具有施工工艺简单、工期短、造价低等优点。适用于处理透水性强的软弱黏性土地基，但不宜用于湿陷性黄土地基和不透水的黏性土地基，以免聚水而引起地基下沉和承载力下降。①

（二）灰土地基

灰土地基是将基础底面下一定范围内的软弱土层挖去，用按一定体积配合比的石灰和黏性土拌和均匀，在最优含水量下分层回填夯实或压实而成。该地基具有一定的强度、水稳定性和抗渗性，施工工艺简单，取材容易，费用较低。适用于处理1～4m厚的软弱土层。

二、强夯地基

强夯地基是用起重机械将重锤（一般8～30t）吊起从高处（一般6～30m）自由落下，给地基以冲击力和振动，从而提高地基土的强度并降低其压缩性的一种有效的地基加固方法。该法具有效果好、速度快、节省材料、施工简便，但施工时噪声和振动大等特点。适用于碎石土、砂土、黏性土、湿陷性黄土及填土地基等的加固处。

三、重锤夯实地基

重锤夯实是用起重机械将夯锤提升到一定高度后，利用自由下落时的冲击能来夯实基土表面，使其形成一层较为均匀的硬壳层，从而使地基得到加固。该方法施工简便，费用较低，但布点较密，夯击遍数多，施工期相对较长，同时夯击能量小，孔隙水难以消散，加固深度有限，当土的含水量稍高，易夯成橡皮土，处理较困难。适用于处理地下水位以上稍湿的黏性土、砂土、湿陷性黄土、杂填土和分层填土地基。但当夯击振动对邻近的建筑物、设备以及施工中的砌筑工程或浇筑混凝土等产生有害影响时，或地下水位高于有效夯实深度以及在有效深度内存在软黏土层时，不宜采用。

四、振冲地基

振冲地基，又称振冲桩复合地基，是以起重机吊起振冲器，启动潜水电机带动偏心块，使振冲器产生高频振动，同时开动水泵，通过喷嘴喷射高压

①罗筠，王松．基础工程施工[M]．重庆：重庆大学出版社，2020.

水流成孔，然后分批填以砂石骨料形成一根根桩体，桩体与原地基构成复合地基，以提高地基的承载力，减小地基的沉降和沉降差的一种快速、经济有效的加固方法。该方法具有技术可靠，机具设备简单，操作技术易于掌握，施工简便，节省材料，加固速度快，地基承载力高等特点。

振冲地基按加固机理和效果的不同，可分为振冲置换法和振冲密实法两类。前者适用于处理不排水、抗剪强度小于20kPa的黏性土、粉土、饱和黄土及人工填土等地基；后者适用于处理砂土和粉土等地基，不加填料的振冲密实法仅适用于处理黏土颗粒含量小于10%的粗砂、中砂地基。

第二节 浅埋式钢筋混凝土基础施工

一般工业与民用建筑在基础设计中多采用天然浅基础，它造价低、施工简便。常用的浅基础类型有条式基础、杯形基础、筏式基础和箱形基础等。

一、条式基础

条式基础包括柱下钢筋混凝土独立基础和墙下钢筋混凝土条形基础。这种基础的抗弯和抗剪性能良好，可在竖向荷载较大、地基承载力不够以及承受水平力和力矩等荷载情况下使用。因高度不受台阶宽高比的限制，故适用于需要“宽基浅埋”的场合。

（一）构造要求

锥形基础（条形基础）边缘高度h不宜小于200mm；阶梯形基础的每阶高度h_1宜为300～500mm。

垫层厚度一般为100mm，混凝土强度等级为C10，基础混凝土强度等级不宜低于C15。

底板受力钢筋的最小直径不宜小于8mm，间距不宜大于200mm。当有垫层时钢筋保护层的厚度不宜小于35mm，无垫层时不宜小于70mm。

插筋的数目与直径应与柱内纵向受力钢筋相同。插筋的锚固及柱的纵向受力钢筋的搭接长度，按国家现行《混凝土结构设计规范》（2015年版）的规定执行。

（二）施工要点

基坑（槽）应进行验槽，局部软弱土层应挖去，用灰土或沙砾分层回填夯实与基底相平。基坑（槽）内浮土、积水、淤泥、垃圾、杂物等应清除干净。验槽后地基混凝土应立即浇筑，以免地基土被扰动。

垫层达到一定强度后，在其上进行弹线、支模。铺放钢筋网片时，底部用与混凝土保护层同厚度的水泥砂浆垫塞，以保证位置正确。

在浇筑混凝土前，应清除模板上的垃圾、泥土和钢筋上的油污等杂物，模板应浇水加以湿润。

基础混凝土宜分层连续浇筑完成。阶梯形基础的每一台阶高度内应分层浇捣，每浇筑完一台阶应稍停0.5～1.0h，待其初步获得沉实后，再浇筑上层，以防止下台阶混凝土溢出，在上台阶根部出现“烂脖子”，台阶表面应基本抹平。

锥形基础的斜面部分模板应随混凝土浇捣分段支设并顶压紧，以防模板上浮变形，边角处的混凝土应注意捣实。严禁斜面部分不支模，用铁锹拍实。

基础上有插筋时，要加以固定，保证插筋位置的正确，防止浇捣混凝土发生移位。混凝土浇筑完毕，外露表面应覆盖浇水养护。①

二、杯形基础

杯形基础常用作钢筋混凝土预制柱基础，基础中预留凹槽（杯口），然后插入预制柱。临时固定后，即在四周空隙中灌细石混凝土。其形式有一般杯口基础、双杯口基础和高杯口基础等。

（一）构造要求

柱的插入深度h_1可按表2-1选用，并应满足锚固长度的要求（一般为20倍纵向受力钢筋直径）和吊装时柱的稳定性（不小于吊装时柱长的0.05倍）的要求。

①李荣健．基础工程施工[M]．天津：天津大学出版社，2016.

表2-1 柱的插入深度

矩形或工字形柱				单肢管柱	双肢柱
h＜500	500≤h＜1000	800≤h≤1000	h＞1000		
1～1.2h	H	0.9h≥1000	0.8h≥1000	1.5d≥500	1/3～2/3 或(1.5～1.8)h_a

注:①h为柱截面长边尺寸;d为管柱的外直径;h_a为双肢柱整个截面长边尺寸;h_b为双肢柱整个截面短边尺寸。②柱轴心受压或小偏心受压时,h_1可以适当减少;偏心距$e_0>2h$(或$e_0>2d$)时,h_1应适当加大。

基础的杯底厚度和杯壁厚度见表2-2。

表2-2 基础的杯底厚度和杯壁厚度

柱截面长边尺寸h	杯底厚度a_1	杯壁厚度t
h＜500	≥150	150～200
500≤h＜800	≥200	≥200
800≤h＜1000	≥250	≥300
1000≤h＜1500	≥300	≥350
1500≤h＜2000	≥350	≥400

注:①双肢柱的a_1值可适当加大。②当有基础梁时,基础梁下的杯壁厚度应满足其支承宽度的要求。③柱子插入杯口部分的表面应尽量凿毛。柱子与杯口之间的空隙,应用细石混凝土(比基础混凝土强度等级高一级)密实填充,其强度达到基础设计强度等级的70%以上(或采取其他相应措施)时,方能进行上部吊装。

(二)施工要点

杯形基础除参照板式基础的施工要点外,还应注意以下几点。

混凝土应按台阶分层浇筑,对高杯口基础的高台阶部分按整段分层浇筑。

杯口模板可做成二半式的定型模板,中间各加一块楔形板。拆模时,先取出楔形板,然后分别将两半杯口模板取出。为便于周转,杯口模板宜做成工具式的,支模时杯口模板要固定牢固并压浆。

浇筑杯口混凝土时,应注意四侧要对称均匀进行,避免将杯口模板挤向一侧。

施工时应先浇筑杯底混凝土并振实,注意在杯底一般有50mm厚的细石混凝土找平层,应仔细留出。待杯底混凝土沉实后,再浇筑杯口四周混凝土。基础浇捣完毕,在混凝土初凝后终凝前将杯口模板取出,并将杯口内侧表面混凝土凿毛。

施工高杯口基础时，可采用后安装杯口模板的方法施工，即当混凝土浇捣接近杯口底时，再安装固定杯口模板，继续浇筑杯口四周混凝土。

三、筏式基础

筏式基础由钢筋混凝土底板、梁等组成，适用于地基承载力较低而上部结构荷载很大的场合。其外形和构造上像倒置的钢筋混凝土楼盖，整体刚度较大，能有效将各柱子的沉降调整得较为均匀。筏式基础一般可分为梁板式和平板式两类。

（一）构造要求

混凝土强度等级不宜低于C20，钢筋保护层厚度不小于35mm。

基础平面布置应尽量对称，以减小基础荷载的偏心距。底板厚度不宜小于200mm，梁截面和板厚按计算确定。梁顶高出底板顶面不小于300mm，梁宽不小于250mm。

底板下一般宜设厚度为100mm的C10混凝土垫层，每边伸出基础底板不小于100mm。

（二）施工要点

施工前，如地下水位较高，可采用人工降低地下水位至基坑底不少于500mm，以保证在无水情况下进行基坑开挖和基础施工。

施工时，可采用先在垫层上绑扎底板、梁的钢筋和柱子锚固插筋，浇筑底板混凝土，待达到25%设计强度后，再在底板上支梁模板，继续浇筑完梁部分混凝土；也可采用底板和梁模板一次同时支好，混凝土一次连续浇筑完成，梁侧模板采用支架支撑并固定牢固。

混凝土浇筑时一般不留施工缝。必须留设时，应按施工缝要求处理，并应设置止水带。基础浇筑完毕，表面应覆盖和洒水养护，并防止地基被水浸泡。

四、箱形基础

箱形基础是由钢筋混凝土底板、顶板、外墙以及一定数量的内隔墙构成封闭的箱体，基础中部可在内隔墙开门洞做地下室。该基础具有整体性好，刚度大，调整不均匀，沉降能力及抗震能力强，可消除因地基变形使建筑物开裂的可能性，减少基底处原有地基自重应力，降低总沉降量等特点。适用做软弱地基上的面积较小、平面形状简单、上部结构荷载大且分布不均匀的高层建筑物的基础和对沉降有严格要求的设备基础或特种构筑物基础。

（一）构造要求

箱形基础在平面布置上应尽可能对称，以减少荷载的偏心距，防止基础过度倾斜。

混凝土强度等级不应低于C20，基础高度一般取建筑物高度的1/8～1/12，不宜小于箱形基础长度的1/16～1/18，且不小于3m。

底、顶板的厚度应满足柱或墙冲切验算要求，并根据实际受力情况通过计算确定。底板厚度一般取隔墙间距的1/8～1/10，为300～1000mm；顶板厚度为200～400mm；内墙厚度不宜小于200mm；外墙厚度不应小于250mm。

为保证箱形基础的整体刚度，平均每平方米基础面积上墙体长度应不小于400mm，或墙体水平截面积不得小于基础面积的1/10，其中纵墙配置量不得小于墙体总配置量的3/5。

（二）施工要点

基坑开挖，如地下水位较高，应采取措施降低地下水位至基坑底以下500mm处，并尽量减少对基坑底土的扰动。当采用机械开挖基坑时，在基坑底面以上200～400mm厚的土层，应用人工挖除并清理。基坑验槽后，立即进行基础施工。

施工时，基础底板、内外墙和顶板的支模、钢筋绑扎和混凝土浇筑，可采取分块进行，其施工缝的留设位置和处理应符合钢筋混凝土工程施工及验收规范有关要求，外墙接缝应设止水带。

基础的底板、内外墙和顶板宜连续浇筑完毕。为防止出现温度收缩裂缝，一般应设置贯通后浇带，带宽不宜小于800mm，在后浇带处钢筋应贯通。顶板浇筑后，相隔2～4周，用比设计强度提高一级的细石混凝土将后浇带填灌密实，并加强养护。

基础施工完毕后，应立即进行回填土。停止降水时，应验算基础的抗浮稳定性，抗浮稳定系数不宜小于1.2，如不能满足，应采取有效措施，比如继续抽水直至上部结构荷载加上后能满足抗浮稳定系数要求为止，或在基础内采取灌水或加重物等措施，防止基础上浮或倾斜。

第三节 钢筋混凝土预制桩施工

预制桩按使用材料可分为钢筋混凝土桩、钢桩、木桩等；按形状可分为方桩、管桩、钢管桩和锥形桩等；按沉桩方法可分为锤击沉桩、振动沉桩和静力沉桩等。其中最常用的是锤击钢筋混凝土方桩。

下面以钢筋混凝土方桩为例，介绍预制桩的制作及沉桩施工工艺。

一、钢筋混凝土预制桩的制作、运输和堆放

（一）桩的制作

较短的钢筋混凝土预制桩一般在预制厂制作，较长的桩在施工现场预制。所用混凝土强度等级不宜低于C30，方桩的截面边长为25～55cm。桩的制作长度主要取决于运输条件及桩架高度，一般不超过30m。如果桩长超过30m，可将桩分成几段预制，在打桩过程中接桩。

钢筋混凝土预制桩的混凝土浇筑工作应连续进行，严禁中断。桩顶和桩尖处不得有蜂窝、麻面、裂缝和掉角。桩的制作偏差应符合规范的规定。

钢筋混凝土预制桩主筋应根据桩截面大小确定，一般为4～8根，直径为12～25mm。主筋连接宜采用对焊；主筋接头配置在同一截面内的数量，当采用闪光对焊和电弧焊时，不超过50%；同一根钢筋两个接头的间距应大于30倍钢筋直径，并不小于500mm。预制桩箍筋直径为6～8mm，间距不大于20cm。预制桩的允许偏差应符合规范的规定。桩顶和桩尖处的箍筋应加密。

（二）桩的起吊、运输和堆放

钢筋混凝土预制桩应在混凝土达到设计强度的70%时方可起吊；达到设计强度的100%时才能运输和打桩。如提前吊运，应采取相应措施并经验算合格后方可进行。

桩在起吊和搬运时，吊点应符合设计规定。吊点位置的选择随桩长而异，并应符合起吊弯矩最小的原则。

当运距不大时，可采用滚筒、卷扬机等拖动桩身运输；当运距较大时，可采用小平台车运输。运输过程中支点应与吊点位置一致。

桩在施工现场的堆放场地必须平整、坚实。堆放时应设垫木，垫木的位置与吊点位置相同，各层垫木应上下对齐，堆放层数不宜超过4层。①

二、预制桩的沉桩方法

预制桩的沉桩方法主要有锤击法、静力压桩法、振动法、水中沉桩法等。

（一）锤击法

锤击法是利用桩锤的冲击克服土对桩的阻力，使桩沉到预定持力层。这是最常用的一种沉桩方法。

1. 打桩设备

打桩设备包括桩锤、桩架和动力装置。

（1）桩锤

桩锤是对桩施加冲击，将桩打入土中的主要机具。桩锤主要有落锤、蒸汽锤、柴油锤和液压锤，目前应用最多的是柴油锤。

落锤。落锤构造简单，使用方便，能随意调整落锤高度。轻型落锤一般均用卷扬机拉升施打。落锤生产效率低、桩身易损失。落锤质量一般为0.5～1.5t，重型锤可达数吨。

柴油锤。柴油锤是利用燃油爆炸的能量，推动活塞往复运动产生冲击进行锤击打桩。柴油锤结构简单、使用方便，不需从外部供应能源。但在过软的土中由于贯入度过大，燃油不易爆发，往往桩锤反跳不起来，会使工作循环中断。另一个缺点是会造成噪声和空气污染等公害，故在城市中施工受到一定限制。柴油锤冲击部分的质量有2.0t、2.5t、3.5t、4.5t、6.0t、7.2t等，每分钟锤击次数40～80次，可以用于大型混凝土桩和钢管桩等。

蒸汽锤。蒸汽锤利用蒸汽的动力进行锤击。根据其工作情况又可分为单动式汽锤与双动式汽锤。单动式汽锤的冲击体只在上升时耗用动力，下降时靠自重；双动式汽锤的冲击体升降均由蒸汽推动。蒸汽锤需要配备一套锅炉

①赵继伟，张炎生．地基基础工程施工[M]．天津：天津科学技术出版社，2018.

设备。单动式汽锤的冲击力较大，可以打各种桩，常用锤重为3～10t，每分钟锤击数为25～30次。双动式汽锤的外壳（汽缸）是固定在桩头上的，而锤是在外壳内上下运动。锤重一般为0.6～6t。因冲击频率高（100～200次/min），所以工作效率高。它适宜打各种桩，也可在水下打桩并用于拔桩。

液压锤。液压锤是一种新型打桩设备，它的冲击缸体通过液压油提升与降落。冲击缸体下部充满氮气，当冲击缸下落时，首先是冲击头对桩施加压力，接着是通过可压缩的氮气对桩施加压力，使冲击缸体对桩施加压力的过程延长，因此每一击都能获得更大的贯入度。液压锤不排出任何废气，无噪声，冲击频率高，并适合水下打桩，是理想的冲击式打桩设备，但构造复杂，造价高。

用锤击沉桩时，为防止桩受冲击应力过大而损坏，应力求采用“重锤轻击”。如采用轻锤重击，锤击能很大一部分被桩身吸收，桩不易打入，而桩头容易打碎。

（2）桩架

桩架是支持桩身和桩锤，在打桩过程中引导桩的方向，并保证桩锤能沿着所要求方向冲击的打桩设备。桩架的形式多种多样，常用的桩架有两种基本形式：一种是沿轨道行驶的多能桩架，另一种是装在履带底盘上的桩架。

多能桩架，由立柱、斜撑、回转工作台、底盘及传动机构组成。它的机动性和适应性很强，在水平方向可做360°回转，立柱可前后倾斜，底盘下装有铁轮，可在轨道上行走。这种桩架可适应各种预制桩，也可用于灌注桩施工。缺点是机构较庞大，现场组装和拆迁比较麻烦。

履带式桩架，以履带式起重机为底盘，增加立柱和斜撑用以打桩。其机械化程度高，功能较多，桩架灵活，移动方便，可适应各种预制桩施工，目前应用最多。

（3）动力装置

动力装置的配置取决于所选的桩锤。当选用蒸汽锤时，则需配备蒸汽锅炉和卷扬机。

2. 打桩施工

打桩前应做好下列准备工作：①清除妨碍施工的地上和地下的障碍物；②平整施工场地；③定位放线；④设置供电、供水系统；⑤安装打桩机等。

桩基轴线的定位点及水准点应设置在不受打桩影响的地点，水准点设置不少于2个。在施工过程中可据此检查桩位的偏差以及桩的入土深度。打桩应注意下列问题。

(1) 打桩顺序

打桩顺序合理与否，影响打桩速度、打桩质量及周围环境。当桩的中心距小于4倍桩径时，打桩顺序尤为重要。打桩顺序影响挤土方向。打桩向哪个方向推进，则向哪个方向挤土。根据桩群的密集程度，可选用下述打桩顺序：由一侧向单一方向进行；由中间向两个方向对称进行；由中间向四周进行。第一种打桩顺序，打桩推进方向宜逐排改变，以免土壤朝一个方向挤压，而导致土壤挤压不均匀，对于同一排桩，必要时还可采用间隔跳打的方式。对于大面积的桩群，宜采用后两种打桩顺序，以免土壤受到严重挤压，使桩难以打入，或使先打入的桩受挤压而倾斜。大面积的桩群，宜分成几个区域，由多台打桩机采用合理的顺序进行打桩。打桩时对不同基础标高的桩，宜先深后浅，对不同规格的桩，宜先大后小，先长后短，以防止桩的位移或偏斜。

(2) 打桩方法

打桩机就位后将桩锤和桩帽吊起，然后吊桩并送至导杆内，垂直对准桩位缓缓插入土中，垂直度偏差不得超过0.5%，然后固定桩帽和桩锤，使桩、桩帽、桩锤在同一铅垂线上，确保桩能垂直下沉。在桩锤和桩帽之间应加弹性衬垫，桩帽和桩顶周围四边应有5~10mm的间隙，以防损伤桩顶。

打桩开始时，锤的落距应较小，待桩入土至一定深度且稳定后，再按要求的落距锤击。用落锤或单动汽锤打桩时，最大落距不宜大于1m。用柴油锤时，应使锤跳动正常。在打桩过程中，遇有贯入度剧变、桩身突然发生倾斜、移位或有严重回弹、桩顶或桩身出现严重裂缝或破碎等异常情况时，应暂停打桩，及时研究处理。

如桩顶标高低于自然土面，需用送桩管将桩送入土中时，桩与送桩管的纵轴线应在同一直线上，拔出送桩管后，桩孔应及时回填或加盖。

混凝土多节桩的接桩，可用焊接或硫磺胶泥锚接。目前焊接接桩应用最多。接桩的预埋铁件表面应清洁，上、下节桩之间如有间隙应用铁片填实焊牢，焊接时焊缝应连续饱满，并采取措施减少焊接变形。接桩时，上、下节桩的中心线偏差不得大于10mm，节点弯曲矢高不得大于1%桩长。钢桩的连接则常采用焊接，也可采用螺栓连接方式。

打桩过程中，应做好沉桩记录，以便工程验收。

(3) 打桩的质量控制

打桩的质量检查包括桩的偏差、最后贯入度与沉桩标高，桩顶、桩身是否损坏以及对周围环境有无造成严重危害。

桩的垂直偏差应控制在1%之内，平面位置的允许偏差，对于建筑物桩基，单排或双排桩的条形桩基，垂直于条形桩基纵轴线方向为100mm，平行于条形桩基纵轴线方向为150mm；桩数为1～3根桩基中的桩为100mm；桩数为4～16根桩基中的桩为1/3桩径或边长；桩数大于16根桩基中的桩最外边的桩为1/3桩径或边长，中间桩为1/2桩径或边长。

打桩的控制。对于桩尖位于坚硬土层的端承型桩，以贯入度控制为主，桩尖进入持力层的深度或桩尖标高可作为参考。如贯入度已达到而桩尖标高未达到时，应继续锤击3阵，每阵10击的平均贯入度不应大于规定的数值。桩尖位于软土层的摩擦型桩，应以桩尖设计标高控制为主，贯入度可作为参考。如主要控制指标已符合要求，而其他指标与要求相差较大时，应会同有关单位研究解决。设计与施工中所控制的贯入度是以合格的试桩数据为准，如无试桩资料，可参考类似土的贯入度，由设计确定。测量最后贯入度应在下列正常条件下进行：桩顶没有破坏，锤击没有偏心，锤的落距符合规定，桩帽和弹性垫层正常，汽锤的蒸汽压力符合规定。如果沉桩尚未达到设计标高，而贯入度突然变小，则可能是土层中夹有硬土层，或遇到孤石等障碍物，此时切勿盲目施打，应会同设计、勘察单位共同研究解决。此外，由于土的固结作用，打桩过程中断，会使桩难以打入，因此应保证施打的连续进行。

混凝土预制桩打桩时，如遇桩顶破碎或桩身严重裂缝，应立即暂停，在采取相应的技术措施后，方可继续施打。打桩时，除了注意桩顶与桩身由于桩锤冲击的破坏外，还应注意桩身受锤击拉应力而导致的水平裂缝。在软土中打桩，在桩顶以下1/3桩长范围内常会因反射的张力波使桩身受拉而引起水平裂缝。开裂的地方往往出现在吊点和混凝土缺陷处，这些地方容易形成应力集中。采用重锤低速击桩和较软的桩垫可减少锤击拉应力。

打桩时，引起桩区及附近地区的土体隆起和水平位移的原因虽然不属打桩本身的质量问题，但邻桩相互挤压导致桩位偏移，会影响整个工程质量。如果在已有建筑群中施工，打桩还会引起邻近的地下管线、地面道路和建筑物的损坏。为此，在邻近建（构）筑物打桩时，应采取适当的措施，如挖防震沟、砂井排水（或塑料排水板排水）、预钻孔取土打桩、采取合理打桩顺序、控制打桩速度等。

（二）静力压桩法

静力压桩是利用静压力将桩压入土中，施工中虽然仍然存在挤土效应，但没有振动和噪声，适用于软弱土层和邻近有害怕震动的建（构）筑物的情况。

静力压桩机有机械式和液压式之分，目前使用的多为液压式静力压桩机，压力可达8000kN。

压桩一般是分节压入，逐段接长。为此，桩需分节预制。当第一节桩压入土中，其上端距地面2m左右时将第二节桩接上，继续压入。对每一根桩的压入，各工序应连续。

如初压时桩身发生较大移位、倾斜；压入过程中桩身突然下沉或倾斜；桩顶混凝土破坏或压桩阻力剧变时，应暂停压桩，及时研究处理。

（三）振动法

振动法是采用振动锤进行沉桩的施工方法。其按工艺可分为干振施工法、振动扭转施工法、振动冲击施工法、振动加压施工法、附加弹簧振动施工法、附加配重振动施工法和附加配重振动加压施工法等。振动法工作原理是通过夹具在桩身上设置振动锤，振动锤在电、气、水或液压的驱动下使桩身产生垂直上下振动，造成桩及其周围土体处于强迫振动状态。由于振动，土体的内摩擦角变小，强度降低，从而破坏了桩与土体之间的黏结力和弹性力，因此桩周围土体对桩的摩阻力和桩尖土的抗力大大减小，使得桩能在自重和振动力的作用下，克服惯性阻力而沉入土中。

振动法具有操作简便、沉桩效率高、工期短、费用省、不需辅助设备、管理方便、施工适应性强、沉桩时桩的横向位移和桩身变形小、不易损坏桩身等优点。但由于振动锤的构造复杂、维修较难、耗电量大、设备使用寿命短，且沉桩时噪声和振动污染较为显著，在居民区或对振动敏感的建筑群附近施工时受限明显。同时，该方法对地层适应性存在一定局限，在软黏土等极软土层中，可能因土壤液化导致桩身下沉过度；而在密实砂层或岩层中，振动能量易被吸收，沉桩效率大幅降低。当桩基持力层起伏较大时，桩的长度较难调节，同时其在施工时仍存在一定挤土效应。

振动法适用于松软土、桩长30m以下的混凝土桩、钢桩及组合桩施工。

沉桩施工宜连续进行以防止停歇过久导致难以沉桩。沉桩时如发现有厚度在1m以上的中密以上的细砂、粉砂、重黏砂等硬夹层影响施工时，应该会同有关部门共同研究采取措施。

（四）水中沉桩法

在桥梁基础施工进行水中沉桩时，当河流水浅时，一般可搭设施工便桥或脚手架，在其上安置桩架进行水中沉桩施工。在宽阔较深的河流中，可将桩架安放在浮体上或使用专用沉桩船进行水中沉桩。

沉桩船的桩架可以前俯或后仰30°左右，用于沉设斜桩。

当沉桩船的桩架前倾小于10°时，可用来吊桩。由于桩架结构坚固，可兼作起重机，最大起重力可达800kN。

沉桩船的桩架为适应桩长的需要，可从上部或中部接高5～7m，最高的桩架达52m，可一次下沉40m的长桩。

有的沉桩船在桩架上端与龙门梃上部装置菱形（铰接）“鸟嘴”，当桩位在岸边或浅水处沉桩船吃水过深不能接近时，可将整个桩架向前倾斜，龙门梃下端即从桩架支向前面垂直吊于桩位之上进行沉桩，龙门梃伸出船艏的最大伸距可达12m。

此外，在宽河流中进行水中沉桩，还可采用以下方法：①先筑围堰后沉桩法。一般在水不深、临近河岸的桩采用此法。②先沉桩后筑围堰法。一般适用于较深水中沉桩。施工中先拼装导向围笼，浮运至桥墩位，抛锚定位，围笼下沉接高，在围笼内插打围堰定位桩，再沉其余的桩，然后打钢板桩组成防水围堰，吸泥并进行水下混凝土封底。③用吊箱围堰修筑水中桩基法。该法适用于修筑深水中的高桩承台。悬吊在水中的吊箱在沉桩时作为导向定位，沉桩后封底抽水，浇筑水中混凝土承台。

第四节 灌注桩施工

灌注桩是直接在桩位上就地成孔，然后在孔内安放钢筋笼、灌注混凝土而成。根据成孔工艺不同，分为干作业成孔的灌注桩、泥浆护壁成孔的灌注桩、套管成孔的灌注桩和爆扩成孔的灌注桩等。灌注桩施工工艺近年来发展很快，还出现了夯扩沉管灌注桩、钻孔压浆成桩等一些新工艺。

灌注桩能适应各种地层的变化，无须接桩，施工时无振动、无挤土、噪声小，宜在建筑物密集地区使用。但其操作要求严格，施工后需较长的养护期方可承受荷载，成孔时有大量土渣或泥浆排出。

一、干作业成孔灌注桩

干作业成孔灌注桩适用于地下水位较低、在成孔深度内无地下水的土质，不需护壁可直接取土成孔。目前常用螺旋钻机成孔，亦有使用洛阳铲成孔的。

螺旋钻机成孔灌注桩是利用动力旋转钻杆，使钻头的螺旋叶片旋转削土，土块沿螺旋叶片上升排出孔外。在软塑土层，含水量大时，可用疏纹叶片钻杆，以便较快地钻进。在可塑或硬塑黏土中，或含水量较小的砂土中应用密纹叶片钻杆，缓慢地均匀地钻进。操作时要求钻杆垂直，钻孔过程中如发现钻杆摇晃或难钻进时，可能是遇到石块等异物，应立即停机检查。全叶片螺旋钻机成孔直径一般为300～600mm，钻孔深度为8～20m。钻进速度应根据电流变化及时调整。在钻孔过程中，应随时清理孔口积土，遇到塌孔、缩孔等异常情况，应及时研究解决。

钢筋笼应一次绑扎完成，混凝土应随浇随振，每次浇筑高度不得大于1.5m。

如为扩底桩，则需于桩底部用扩孔钻切削扩孔，扩底直径应符合设计要求，并控制孔底虚土厚度，对于摩擦桩，虚土厚度不得大于300mm；对于摩擦端承桩或端承摩擦桩，虚土厚度不得大于100mm；对于端承桩，虚土厚度不得大于50mm。如孔底虚土超过规范规定，可用勺钻清理孔底虚土，或用原钻机多次投钻。如孔底虚土是砂或砂卵石时，可灌入砂浆拌和，然后再浇筑混凝土。

如成孔时发生塌孔，宜钻至塌孔处以下1～2m时，用低强度等级的混凝土填至塌孔以上1m左右，待混凝土初凝后再继续下钻，钻至设计深度，也可用3∶7的灰土填筑。

二、泥浆护壁成孔灌注桩

泥浆护壁成孔是用钻头切削土体，并利用泥浆循环来保护孔壁、排出土渣，不论地下水位高低各类土层皆可使用，一般多用于含水量高的软土地区。泥浆具有保护孔壁、防止塌孔、排出土渣以及冷却与润滑钻头的作用。泥浆一般需专门配制，当在黏土中成孔时，也可用孔内钻碎原土自造泥浆。

成孔机械有回转钻机、潜水钻机、冲击钻等，其中以回转钻机应用最多。

（一）回转钻机成孔

回转钻机是由动力装置带动钻机的回转装置转动，并带动带有钻头的钻杆转动，由钻头切削土壤。切削形成的土渣，通过泥浆循环排出桩孔。根据泥浆循环方式的不同，分为正循环和反循环。根据桩型、钻孔深度、土层情况、泥浆排放条件、允许沉渣厚度等进行选择，但对孔深大于30m的端承型桩，宜采用反循环。①

正循环回转钻机成孔的工艺是泥浆由钻杆内部注入，并从钻杆底部喷出，携带钻下的土渣沿孔壁向上流动，由孔口将土渣带出流入沉淀池，经沉淀的泥浆流入泥浆池再注入钻杆，由此进行循环。沉淀的土渣用泥浆车运出排放。

反循环回转钻机成孔的工艺是泥浆由钻杆与孔壁间的环状间隙流入钻孔，然后，由砂石泵在钻杆内形成真空，使钻下的土渣由钻杆内腔吸出至地面而流向沉淀池，沉淀后再流入泥浆池。反循环工艺的泥浆上流的速度较快，排吸的土渣能力大。

在陆地上杂填土或松软土层中钻孔时，应在桩位孔口处埋设护筒，起到定位、保护孔口、维持水头等作用。护筒用钢板制作，内径应比钻头直径大

①韩寿兵．基础工程施工[M]．北京：北京理工大学出版社，2019.

10cm，埋入土中深度通常不宜小于1.0～1.5m，特殊情况下埋深需要更大。在护筒顶部应开设1～2个溢浆口。在钻孔过程中，应保持护筒内泥浆液面高于地下水位。

在水中施工时，在水深小于3m的浅水处，亦可适当提高护筒顶面标高。如岛底河床为淤泥或软土，宜挖除换以砂土；若排淤换土工作量大，则可用长护筒，使其沉入河底土层中。在水深超过3m的深水区，宜搭设工作平台（可为支架平台、浮船、钢板桩围堰、木排、浮运薄壳沉井等）。

在黏土中钻孔，可采用自造泥浆护壁；在砂土中钻孔，则应注入制备泥浆，注入的泥浆相对密度控制在1.1左右，排出泥浆的相对密度宜为1.2～1.4。在钻孔达到要求的深度后，测量沉渣厚度，进行清孔。以原土造浆的钻孔，清孔可用射水法，此时钻具只转不进，待泥浆比重降到1.1左右即认为清孔合格；注入制备泥浆的钻孔，可采用换浆法清孔，直至换出泥浆的相对密度小于1.15时方为合格，在特殊情况下换出的泥浆相对密度可以适当放宽。

钻孔灌注桩的桩孔钻成并清孔后，应尽快吊放钢筋骨架并灌注混凝土。在无水或少水的浅桩孔中灌注混凝土时，应分层浇筑振实，每层高度一般为0.5～0.6m，不得大于1.5m。混凝土坍落度在黏性土中宜用5～7cm；砂类土中用7～9cm；黄土中用6～9cm。水下灌注混凝土时，常用垂直导管灌注法进行水下施工，施工方法见第三章有关内容。水下灌注混凝土至桩顶处，应适当超过桩顶设计标高，以保证在凿除含有泥浆的桩段后，桩顶标高和质量能符合设计要求。

施工后的灌注桩的平面位置及垂直度都需满足规范的规定。灌注桩在施工前，宜进行试成孔。

（二）潜水钻机成孔

潜水钻机是一种旋转式钻孔机械，其动力、变速机构和钻头连在一起，加以密封，因而可以下放至孔中地下水位以下进行切削土壤成孔。用正循环工艺输入泥浆，进行护壁和将钻下的土渣排出孔外。

潜水钻机成孔，亦需先埋设护筒，其他施工过程皆与回转钻机成孔相似。

（三）冲击钻成孔

冲击钻主要用于在岩层中成孔，成孔时将冲锥式钻头提升一定高度后以自由下落的冲击力来破碎岩层，然后用掏渣筒来掏取孔内的碎渣。

还有一种冲抓锥，锥头内有重铁块和活动抓片，下落时松开卷扬机刹车，抓片张开，锥头自由下落冲入土中，然后开动卷扬机拉升锥头，此时抓片闭合抓土，将冲抓锥整体提升至地面卸土，依次循环成孔。

三、套管成孔灌注桩

套管成孔灌注桩是利用锤击打桩法或振动沉桩法，将带有活瓣式桩靴，或带有预制混凝土桩靴的钢套管沉入土中，然后边拔套管边灌注混凝土而成孔。若配有钢筋时，则在浇筑混凝土前先吊放钢筋骨架。利用锤击沉桩设备沉管、拔管，称为锤击沉管灌注桩；利用激振器的振动沉管、拔管，称为振动沉管灌注桩。

（一）锤击沉管灌注桩

锤击沉管灌注桩施工时，用桩架吊起钢套管，关闭活瓣或套入预制混凝土桩靴。套管与桩靴连接处要垫以麻、草绳，以防止地下水渗入管内，然后缓缓放下套管，压进土中。套管上端扣上桩帽，检查套管与桩锤是否在同一垂直线上，套管偏斜不大于0.5%时，即可起锤沉管。先用低锤轻击，观察后如无偏移，才正常施打，直至符合设计要求的贯入度或沉入标高，并检查管内无泥浆或水进入，即可灌注混凝土。套管内混凝土应尽量灌满，然后开始拔管。拔管要均匀，不宜拔管过高。拔管时应保持连续密锤低击不停。控制拔出速度，对一般土层，以不大于1m/min为宜；在软弱土层及软硬土层交界处，应控制在0.8m/min以内。桩锤冲击频率视锤的类型而定：单动汽锤采用倒打拔管，频率不低于70次/min；自由落锤轻击不得少于50次/min。在管底未拔到桩顶设计标高之前，倒打或轻击不得中断。拔管时还要经常探测混凝土落下的扩散情况，注意使管内的混凝土面保持略高于地面，这样一直到全管拔出为止。桩的中心距小于5倍桩管外径或小于2桩混凝土达到设计强度的50%以后方可施打。以防止因挤土而使前面施工的桩发生桩身断裂。

为了提高桩的质量和承载能力，常采用复打夯扩灌注桩。其施工顺序如下：在第一次灌注桩施工完毕，拔出套管后，清除管外壁上的污泥和桩孔周围地面的浮土，立即在原桩位再埋预制桩靴或合好活瓣第二次复打沉套管，使未凝固的混凝土向四周挤压扩大桩径，第二次灌注混凝土时，拔管方法与初打时相同，也有采用内夯管进行夯扩的施工方法。复打施工时要注意：前后两次沉管的轴线应重合；复打施工必须在第一次灌注的混凝土初凝之前进行。复打法第一次灌注混凝土前不能放置钢筋笼，如桩配有钢筋，应在第二次灌注混凝土前放置。

锤击灌注桩宜用于一般黏性土、淤泥质土、砂土和人工填土地基。

（二）振动沉管灌注桩

振动沉管灌注桩采用振动锤或振动冲击锤沉管。施工前，先安装好桩机，将桩管下端活瓣闭合或套入桩靴，对准桩位，徐徐放下套管，压入土中，勿使偏斜，即可开动激振器沉管。桩管受振后与土体之间摩擦阻力减小，同时利用振动锤自重在套管上加压，套管即能沉入土中。

沉管时，必须严格控制最后的贯入速度，其值按设计要求，或根据试桩和当地的施工经验确定。

振动灌注桩可采用单打法、反插法或复打法施工。

单打法施工时，在沉入土中的套管内灌满混凝土，开动激振器，振动5~10s，开始拔管，边振边拔。每拔0.5~1m，停拔振动5~10s，如此反复，直到套管全部拔出。在一般土层内拔管速度宜为1.2~1.5m/min，在较软弱土层中，拔管速度不得大于0.8m/min。

反插法施工时，在套管内灌满混凝土后，先振动再开始拔管，每次拔管高度0.5~1.0m，向下反插深度0.3~0.5m。如此反复进行并始终保持振动，直至套管全部拔出地面。反插法能使桩的截面增大，从而提高桩的承载能力，宜在较差的软土地基上应用。

复打法要求与锤击灌注桩相同。

振动灌注桩的适用范围除与锤击灌注桩相同外，还适用于稍密及中密的碎石土地基。

第三章 装饰装修工程施工技术

第一节 抹灰工程施工

抹灰是将各种砂浆、装饰性石屑浆、石子浆涂抹在建筑物的墙面、顶棚、地面等表面上，除了保护建筑物外，还可以作为饰面层起到装饰作用。

抹灰工程按使用材料和装饰效果，分为一般抹灰和装饰抹灰。一般抹灰适用于石灰砂浆、水泥砂浆、混合砂浆、聚合物水泥砂浆、膨胀珍珠岩水泥砂浆、麻刀灰、纸筋灰、石膏灰等抹灰工程。装饰抹灰的底层和中层与一般抹灰做法基本相同，其面层主要有水刷石、水磨石、斩假石、干粘石、喷涂、滚涂、弹涂、仿石和彩色抹灰等。

一、一般抹灰施工

抹灰一般分为三层，即底层、中层和面层（或罩面）。底层主要起与基层黏结的作用，要求砂浆有较好的保水性，其稠度较中层和面层大，砂浆的组成材料要根据基层的种类不同而选用相应的配合比。底层砂浆的强度不能高于基层强度，以免抹灰砂浆在凝结过程中产生较强的收缩应力，破坏强度较低的基层，从而产生空鼓、裂缝、脱落等质量问题；中层起找平的作用，砂浆的种类基本与底层相同，只是稠度稍小，中层抹灰较厚时应分层，每层厚度应控制在5～9mm；面层起装饰作用，要求涂抹光滑、洁净，因此要求用细砂，或用麻刀、纸筋灰浆。各层砂浆的强度要求应为底层＞中层＞面层，且不得将水泥砂浆抹在石灰砂浆或混合砂浆上，也不得把罩面石膏灰抹在水泥砂浆层上。[①]

抹灰层的平均总厚度应符合下列规定：①顶棚，板条、现浇混凝土不得

①杨振，赵营征，李佳祎，等. 建筑外墙装饰抹灰施工技术分析策略[J]. 中国建筑装饰装修，2022（3）：185-186.

大于15mm，预制混凝土不得大于18mm，金属网不得大于20mm；②内墙，普通抹灰：18～20mm，高级抹灰不得大于25mm；③外墙不得大于20mm，勒脚及突出墙面部分不得大于25mm；④石墙不得大于35mm；⑤抹灰厚度大于35mm时，应采取加强措施。

涂抹水泥砂浆每遍厚度宜为5～7mm，涂抹石灰砂浆和水泥混合砂浆每遍厚度宜为7～9mm。面层抹灰经赶平压实后的厚度，麻刀石灰不得大于3mm；纸筋石灰、石膏灰不得大于2mm。

（一）质量要求

一般抹灰按质量要求分为普通抹灰、中级抹灰和高级抹灰3个等级，其适用范围、主要工序及外观质量要求如表3-1所示。

抹灰层与基层之间及各抹灰层之间必须黏结牢固，抹灰层应无脱层、空鼓，面层应无爆灰和裂缝（见表3-1）。

表3-1 一般抹灰的适用范围、主要工序及外观质量要求

级别	适用范围	主要工序	外观质量要求
高级抹灰	适用于大型公共建筑、纪念性建筑物（如影剧院、礼堂、宾馆、展览馆和高级住宅等）以及有特殊要求的高级建筑等	由一道底层、数层中层和一道面层组成。要求阳角找方，设置标筋，分层赶平、修整，表面压光	表面光滑、洁净、颜色均匀、无抹纹、灰线平直方正、清晰美观
中级抹灰	适用于一般居住、公共和工业建筑（如住宅、宿舍、办公楼、教学楼等）以及高级建筑物中的附属用房等	由一道底层、一道中层和一道面层构成，要求阳角找方，设置标筋，分层赶平、修整，表面压光	表面光滑、洁净、接茬平整、灰线清晰顺直
普通抹灰	适用于简易住宅、大型设施和非居住型房屋（如汽车库、仓库、锅炉房等）以及建筑物中的地下室、储藏室等	由一道底层和一道面层构成，要求表面赶平、修整，表面压光	表面光滑、洁净、接茬平整、装饰抹灰

（二）材料准备

抹灰前准备材料时，石灰膏应用块状生石灰淋制，使用未经熟化的生石灰或过火石灰，会发生爆灰和开裂。因此，石灰浆应在储灰池中常温熟化不少于15d，罩面用的磨细石灰粉的熟化期不应少于3d。在熟化期间，石灰浆表面应保留一层水，以使其与空气隔开而避免碳化。同时，应防止冻结和污染。生石灰不宜长期存放，堆放时间不宜超过一个月。

抹灰用的砂子应过筛，不得含有杂物。抹灰用砂一般用中砂，也可采用粗砂与中砂混合掺用。但对有抗渗性要求的砂浆，要求以颗粒坚硬洁净的细砂为好。

抹灰用纸筋、麻刀应坚韧、干燥、不含杂质。

（三）基层处理

1. 墙面抹灰的基层处理

抹灰前应对砖石、混凝土及木基层表面做处理，清除灰尘、污垢、油渍和碱膜等，并洒水湿润。表面凹凸明显的部位，应事先剔平或用1∶3水泥砂浆补平，对平整光滑的混凝土表面拆模时随即做凿毛处理，或用铁抹子满刮水灰比为0.37～0.4的水泥浆（内掺水重3%～5%的108胶）一遍，或用混凝土界面处理剂处理。

抹灰前应检查门、窗框位置是否正确，与墙连接是否牢固。连接处的缝隙应用水泥砂浆或水泥混合砂浆（加少量麻刀）分层嵌塞密实。

凡室内管道穿越的墙洞和楼板洞、凿剔墙后安装的管道、墙面的脚手孔洞均应用1∶3水泥砂浆填嵌密实。

不同基层材料（如砖石与木、混凝土结构）相接处应铺钉金属网并绷紧牢固，金属网与各结构的搭接宽度从相接处起每边不少于100mm。

为控制抹灰层的厚度和墙面的平整度，抹灰前应先检查基层表面的平整度，并用与抹灰层相同砂浆设置50mm×50mm的标志或宽约100mm的标筋。

抹灰工程施工前，对室内墙面、柱面和门洞的阳角，宜用1∶2水泥砂浆做护角，其高度不低于2m，每侧宽度不少于50mm。对外墙窗台、窗楣、雨棚、阳台、压顶和突出腰线等，上面应做成流水坡度，下面应做成滴水线或滴水槽。滴水槽的深度和宽度均不应小于10mm，且整齐一致。

2. 顶棚抹灰的基层处理

预制混凝土楼板顶棚在抹灰前应检查其板缝大小。若板缝较大，应用细石混凝土灌实；板缝较小，可用1∶0.3∶3的水泥石灰混合砂浆勾实，否则抹灰后将顺缝产生裂缝。预制混凝土板或钢模现浇混凝土顶棚拆模后，构件表面较为光滑、平整，并常黏附一层隔离剂。隔离剂为滑石粉或其他粉状物时，应先用钢丝刷刷除，再用清水冲干净，隔离剂为油脂类时，先用浓度为

10%的大碱溶液洗刷干净，再用清水冲洗干净。

板条顶棚（单层板条）抹灰前，应检查板条缝是否合适，一般要求间隙为7～10mm。

（四）一般抹灰的施工要点

1. 墙面抹灰

待标筋砂浆干至七八成后，可以进行底层砂浆抹灰。

抹底层灰可用托灰板（大板）盛砂浆，用力将砂浆推抹到墙面上，一般应从上而下进行。在两标筋之间的墙面砂浆抹满后，即用长刮尺两头靠着标筋，从下而上进行刮灰，使抹上的底层灰与标筋面相平。再用木抹来回抹压，去高补低，最后再用铁抹压平一遍。

中层砂浆抹灰应待水泥砂浆（或水泥混合砂浆）底层凝结后或石灰砂浆底层灰干至七八成后，方可进行。中层砂浆抹灰时，应先在底层灰上洒水，待其收水后，即可将中层砂浆抹上去，一般应从上而下，自左向右涂抹，不用再做标志及标筋。整个墙面抹满后，先用木抹来回搓抹，去高补低，再用铁抹压抹一遍，使抹灰层平整、厚度一致。

面层灰应待中层灰凝固后才能进行。先在中层灰上洒水湿润，将面层砂浆（或灰浆）均匀地抹上去，一般应从上而下，自左向右涂抹整个墙面。抹满后，即用铁抹分遍压抹，使面层灰平整、光滑，厚度一致。铁抹运行方向应注意：最后一遍抹压宜垂直方向，各分遍之间应互相垂直抹压。墙面上半部与墙面下半部面层灰接头处应压抹理顺，不留抹印。

两墙面相交的阴角、阳角抹灰方法，一般按下述步骤进行：①用阴角方尺检查阴角的直角度，用阳角方尺检查阳角的直角度，用线锤检查阴阳角的垂直度。根据直角度及垂直度的误差，确定抹灰层厚度。阴、阳角处洒水湿润。②将底层抹于阴角处，用木阴角器压住抹灰层并上下搓动，使阴角的抹灰基本上达到直角。如果靠近阴角处有已硬结的标筋，则木阴角器应沿着标筋上下搓动。基本搓平后，再用阴角抹子上下抹压，使阴角线垂直。③将底层灰抹于阳角处，用木阳角器压住抹灰层并上下搓动，使阳角处抹灰基本上达到直角。再用阳角抹子上下抹压，使阳角线垂直。④在阴角、阳角处底层灰凝结后，洒水湿润，将面层灰抹于阴角、阳角处，分别用阴角抹、阳角抹上下抹压，使中层灰达到平整光滑。

阴阳角找方应与墙面抹灰同时进行，即墙面抹底层灰时，阴阳角抹底层找方。

2. 顶棚抹灰

钢筋混凝土楼板下的顶棚抹灰，应待上层楼板地面面层完成后才能进行。板条、金属网顶棚抹灰，应待板条、金属网装钉完成，并经检查合格后，方可进行。

顶棚抹灰不用做标志、标筋，只需在顶棚周围的墙面弹出顶棚抹灰层的面层标高线即可，此标高线必须从地面量起，不可从顶棚底向下量。

顶棚抹灰宜从房间里面开始，向门口进行，最后从门口退出。

顶棚抹灰应搭设满堂脚手架，脚手板面至顶棚的距离以操作方便为准。

抹底层灰前，应扫尽钢筋混凝土楼板底的浮灰、砂浆残渣，去除油污及隔离剂剩料，并喷水湿润楼板底。

在钢筋混凝土楼板底抹底层灰，铁抹抹压方向应与模板纹路或预制板拼缝相垂直；在板条、金属网顶棚上抹底层灰，铁抹抹压方向应与板条长度方向相垂直。在板条缝处要用力压抹，使底层灰压入板条缝或网眼内，形成转角以使结合牢固。

抹中层灰时，铁抹抹压方向宜与底层灰抹压方向相垂直。高级顶棚抹灰，应加钉长350～450mm的麻束，间距为400mm，并交错布置，分遍按放射状梳理抹进中层灰内，所以中层灰应抹得平整、光洁。

抹面层灰时，铁抹抹压方向宜平行于房间进光方向。面层灰应抹得平整、光滑，不见抹印。

顶棚抹灰应待前一层灰凝结后才能抹上后一层灰，不可紧接进行。顶棚面积较小时，整个顶棚抹上灰后再进行压平、压光；顶棚面积较大时，可分段分块进行抹灰、压平、压光，但接合处必须理顺；底层灰全部抹压后，才能抹中层灰，中层灰全部抹压后，才能抹面层灰。

二、装饰抹灰施工

装饰抹灰与一般抹灰的区别在于两者具有不同的装饰面层，其底层和中层的做法与一般抹灰基本相同。下面介绍几种主要装饰面层的施工工艺。

（一）水刷石施工

水刷石饰面，是将水泥石子浆罩面中尚未干硬的水泥用水冲刷掉，使各色石子外露，形成具有“绒面感”的表面。水刷石是石粒类材料饰面的传统做法，这种饰面耐久性强，具有良好的装饰效果，造价较低，是传统的外墙装饰做法之一。

水刷石面层施工的操作方法及施工要点如下：①水泥石子浆大面积施工前，为防止面层开裂，须在中层砂浆六七成干时，按设计要求弹线、分格。钉分格条时，木分格条事先应在水中浸透。用以固定分格条的两侧八字形纯水泥浆，应抹成45°角。水刷石面层施工前，应根据中层抹灰的干燥程度浇水湿润。紧接着用铁抹子满刮水灰比为0.37～0.4的水泥浆（内掺3%～5%水重的108胶）一道，随即抹水泥石子浆面层。面层厚度视石子粒径而定，通常为石子粒径的2.5倍。水泥石子浆的稠度以5～7cm为宜，用铁抹子一次抹平、压实。每一块分格内抹灰顺序应自下而上，同一平面的面层要求一次完成，不宜留施工缝。如果必须留施工缝时，应留在分格条位置上。②修整。罩面灰收水后，用铁抹子溜一遍，将遗留的孔隙抹平，然后用软毛刷蘸水刷去表面灰浆，再拍平；阳角部位要往外刷，水刷石罩面应分遍拍平压实，石子应分布均匀、紧密。③喷刷、冲洗。喷刷、冲洗是水刷石施工的重要工序，喷刷、冲洗不净会使水刷石表面色泽灰暗或明暗不一致。罩面灰浆初凝后，达到刷不掉石子的程度时，即可开始喷刷。喷刷时可以两人配合操作：一人用毛刷蘸水轻轻刷掉罩面灰浆；另一人用喷雾器或用手压喷浆机紧跟着喷刷，先将分格四周喷湿，然后由上向下喷水，喷射要均匀，喷头至罩面距离10～20cm。不仅要将表面的水泥浆冲掉，还要将石渣间的水泥冲出来，使得石渣露出灰浆表面1～2mm，甚至露出粒径的1/2，使之清晰可见，均匀密布，然后用清水从上往下全部冲洗干净。④起分格条。喷刷后，即可用抹子柄敲击分格条。用抹尖扎入木条上下活动，轻轻取出分格条，然后，修饰分格缝并描好颜色。

水刷石是一项传统工艺，由于其操作技术要求较高，洗刷浪费水泥，墙面污染后不易清洗，故现在较少采用。

（二）干粘石施工

干粘石是将干石子直接粘在砂浆层上的一种装饰抹灰做法。装饰效果与水刷石差不多，但湿作业量小，节约原材料，又能明显提高工效。

干粘石面层施工操作方法和施工要点如下：①抹黏结层。待中层水泥砂浆干至七成左右，洒水湿润后，粘分格条。待分格条粘牢后，在墙面刷水泥浆一遍，随后按格抹砂浆黏结层（1：3水泥砂浆，厚度4～6mm，砂浆稠度≤8cm）。黏结层砂浆一定要抹平，不显抹纹，按分格大小，一次抹一块或数块，应避免在块中甩槎。②甩石子。干粘石所选石子的粒径比水刷石要小些，一般为4～6mm。黏结砂浆抹平后，应立即甩石子，先甩四周易干部位，然后甩中间，要做到大面均匀、边角和分格条两侧不漏粘，由上而下快速进行。石子使用前应用水冲洗干净、晾干。甩时用托盘盛装，托盘底部用窗纱钉成，以便筛净石子中的残留粉末。如果发现饰面上石子有不匀或过稀现象，应用抹子或手直接补贴，否则会使墙面出现死坑或裂缝。③压石子。当黏结砂浆表面均匀地粘上一层石子后，用抹子或辊子轻轻压一下，使石子嵌入砂浆的深度不小于1/2的石子粒径。拍压后石子表面应平整坚实，拍压时用力不宜过大，否则容易翻浆糊面，出现抹子或滚子轴的印迹。阳角处应在角的两侧同时操作，否则当一侧石子粘上后再粘另一侧时不易粘上，出现明显的接茬黑边。干粘石也可用机械喷石代替手工甩石，施工时利用压缩空气和喷枪将石子均匀有力地喷射到黏结层上。喷头对准墙面，距墙面300～400mm，气压以0.6～0.8MPa为宜。在黏结层硬化期间，应洒水养护，保持湿润。④起分格条与修整。干粘石墙面达到表面平整，石子饱满，即可将分格条取出，取分格条应注意不要掉石子。如果局部石子不饱满，可立即刷108胶水溶液，再用石子补齐。将分格条取出后，随用小刮板和素水泥浆将分格缝修补好，达到顺直清晰。

干粘石操作简便，但日久经风吹雨打易产生脱粒现象，现在已较少采用。

（三）斩假石施工

在水泥砂浆基层上涂抹水泥石子浆，待硬化后，用剁斧、齿斧及各种凿子等工具剁出有规律的石纹，使其类似天然花岗石、玄武石、青条石的表面形态，即为斩假石，又称剁斧石。

斩假石面层施工要点如下：①在凝固的底层灰上弹出分格线，洒水湿润，按分格线将木分格条用稠水泥浆粘贴在墙面上。②待分格条粘牢后，在各个分格区内刮一道水灰比为0.37～0.4的水泥浆（内掺水重3%～5%的108胶），随即抹上1∶1.25水泥石子浆，并压实抹平。24小时后，洒水养护。③待面层水泥石子浆养护到试剁不掉石屑时，就可开始斩剁。斩剁采用各式剁斧，从上而下进行。边角处应斩剁成横向纹道或留出窄条不剁，其他中间部位宜斩剁成竖向纹道。剁的方向应一致，剁纹要均匀，一般要斩剁两遍成活。已剁好的分格周围就可起出分格条。④全部斩剁完后，清扫斩假石表面。

（四）聚合物水泥砂浆的喷涂、滚涂与弹涂施工

喷涂是把聚合物水泥砂浆用砂浆泵或喷斗将砂浆喷涂于外墙面形成的装饰抹灰。

1. 滚涂施工

滚涂是将2～3mm厚带色的聚合物水泥砂浆均匀地涂抹在底层上，用平面或刻有花纹的橡胶、泡沫塑料滚子在罩面层上直上直下施滚涂拉，并一次成活滚出所需花纹。滚涂饰面的底、中层抹灰与一般抹灰相同，中层一般用1∶3水泥砂浆，表面搓平实，然后根据图纸要求，将尺寸分匀以确定分格条位置，弹线后贴分格条。抹灰面干燥后，喷涂无机硅溶液一遍。滚涂操作有干滚和湿滚：干滚法是滚子不蘸水，滚子上下来回后再向下滚一遍，达到表面均匀拉毛即可，滚出的花纹较粗，但工效高；湿滚法为滚子蘸水上墙，并保持整个表面水量一致，滚出的花纹较细，但比较费工。

2. 弹涂施工

弹涂是利用弹涂器将不同色彩的聚合物水泥砂浆弹在色浆面层上，形成类似干粘石效果的装饰面。弹涂基层除砖墙基体应先用1∶3水泥砂浆抹找平层并搓平，一般混凝土等表面较为平整的基体，可直接刷底色浆后弹涂。弹涂前基体应干燥、平整、棱角规矩。弹涂时，先将基层湿润刷（喷）底色浆，然后用弹涂器将色浆弹到墙面上，形成直径为1～3mm大小的图形花点，弹涂面层厚为2～3mm。一般2～3遍成活，每遍色浆不宜太厚，不得流坠，第一遍应覆盖60%～80%，最后罩一遍甲基硅醇钠憎水剂。弹涂应自上而下，从左向右进行。先弹深色浆，后弹浅色浆。

喷涂、滚涂、弹涂饰面层，要求颜色一致，花纹大小均匀。

（五）假面砖

假面砖又称仿面砖，适用于装饰外墙面，远看像贴面砖，近看是彩色砂浆抹灰层上分格。

假面砖抹灰层由底层灰、中层灰、面层灰组成。底层灰宜用1：3水泥砂浆，中层灰宜用1：1水泥砂浆，面层灰宜用5：1：9水泥石灰砂浆（水泥：石灰膏：细砂）。按色彩需要掺入适量矿物颜料，成为彩色砂浆，面层灰厚为3～4mm。

待中层灰凝固后，洒水湿润，抹上面层彩色砂浆，要压实抹平。待面层灰收水后，用铁梳顺着靠尺由上而下划出竖向纹，纹深约1mm。竖向纹划完后，再按假面砖尺寸，弹出水平线，将靠尺靠在水平线上，用铁刨或铁钩顺着靠尺划出横向沟，沟深3～4mm。全部划好纹、沟后，清扫假面砖表面。

（六）仿石

仿石适用于装饰外墙。仿石抹灰层由底层灰、结合层及面层灰组成。底层灰用12mm厚1：3水泥砂浆，结合层用水泥浆（内掺水重3%～5%的108胶），面层灰用10mm厚1：0.5：4水泥石灰砂浆。

仿石施工要点如下：①底层灰凝固后，在墙面上弹出分块线，分块线按设计图案而定，使每一分块呈不同尺寸的矩形或多边形。②洒水湿润墙面，按照分块线将木分格条用稠水泥浆粘贴在墙面上。③在各分块涂刷水泥浆结合层，随即抹上水泥石灰砂浆面层灰，用刮尺沿分格条刮平，再用木抹搓平。④待面层稍收水后，用短直尺紧靠在分格条上，用竹丝帚将面灰扫出清晰的条纹。各分块之间的条纹应一块横向、一块竖向，横竖交替。若相邻两块条纹方向相同，则其中一块可不扫条纹。⑤扫好条纹后，应立即起出分格条，用水泥砂浆勾缝，进行养护。⑥面层干燥后，扫去浮灰，再用胶漆刷涂两遍，分格缝不刷漆。

第二节 饰面工程施工

饰面工程是指将块料面层镶贴（或安装）在墙柱表面以形成装饰层。块料面层的种类基本可分为饰面砖和饰面板。饰面砖分有釉和无釉两种，包括釉面瓷砖、外墙面砖、陶瓷锦砖、玻璃锦砖、劈离砖以及耐酸砖等；饰面板包括天然石饰面板（如大理石、花岗石和青石板等）、人造石饰面板（如预制水磨石板、合成石饰面板等）、金属饰面板（如不锈钢板、涂层钢板、铝合金饰面板等）、玻璃饰面、木质饰面板（如胶合板、木条板）、裱糊墙纸饰面等。

一、饰面砖镶贴

（一）施工准备

饰面砖的基层处理和找平层砂浆的涂抹方法与装饰抹灰基本相同。

饰面砖在镶贴前，应根据设计对釉面砖和外墙面砖进行选择，要求挑选规格一致、形状平整方正、不缺棱掉角、不开裂和脱釉、无凹凸扭曲、颜色均匀的面砖及各种配件。按标准尺寸检查饰面砖，分出符合标准尺寸的饰面砖。同一类尺寸应用于同一层间或同一面墙上，以做到接缝均匀一致。陶瓷锦砖应根据设计要求选择好色彩和图案，统一编号，便于镶贴时依号施工。

釉面砖和外墙面砖镶贴前应先清扫干净，然后置于清水中浸泡。釉面砖浸泡到不冒气泡为止，一般2～3h。外墙面砖则需隔夜浸泡、取出晾干，以确保饰面砖表面有潮湿感，以手按无水迹为准。

饰面砖镶贴前应进行预排，预排时应注意同一墙面的横竖排列，均不得有一行以上的非整砖。非整砖应排在最不醒目的部位或阴角处，用接缝宽度调整。

外墙面砖预排时，应根据设计图纸尺寸，进行排砖分格并绘制大样图。一般要求水平缝应与窗台齐平，竖向要求阴角及窗口处均为整砖，分格按整块分匀，并根据已确定的缝大小做分格条和划出皮数杆。对墙、墙垛等处要求先测好中心线、水平分格线和阴阳角垂直线。①

（二）釉面砖镶贴

1. 墙面镶贴方法

釉面砖的排列方法有“对缝排列”和“错缝排列”两种。

在清理干净的找平层上，依照室内标准水平线，校核地面标高和分

①赵旭．建筑装饰饰面工程施工工艺[J]．四川水泥，2017（6）：276.

格线。

以所弹地平线为依据，设置支撑釉面砖的地面木托板。加木托板的目的是防止釉面砖因自重向下滑移。木托板表面应加工平整，其高度为非整砖的调节尺寸。整砖的镶贴，就从木托板开始自下而上进行。每行的镶贴宜以阳角开始，把非整砖留在阴角。

调制糊状的水泥浆，其配合比为水泥：砂＝1：2（体积比），另掺水泥质量3%～4%的108胶；掺入时，先将108胶用两倍的水稀释，然后加在搅拌均匀的水泥砂浆中，继续搅拌至混合为止。镶贴时，用铲刀将水泥砂浆或水泥浆均匀涂抹在釉面砖背面（水泥砂浆厚度6～10mm，水泥浆厚度2～3mm为宜），四周刮成斜面，按线就位后，用手轻压，然后用橡皮锤或小铲把轻轻敲击，使其与中层贴紧，确保釉面砖四周砂浆饱满，并用靠尺找平。镶贴釉面砖宜先沿底尺横向贴一行，再沿垂直线竖向贴几行，然后从下往上从第二横行开始，在已贴的釉面砖口间拉上准线（用细铁丝），横向各行釉面砖依准线镶贴。

釉面砖镶贴完毕后，用清水或棉纱将釉面砖表面擦洗干净。室外接缝应用水泥浆或水泥砂浆勾缝，室内接缝宜用与釉面砖相同颜色的石灰膏或内水泥色浆擦嵌密实，并将釉面砖表面擦净。全部完工后，根据污染的不同程度，用棉纱或稀盐酸刷洗并及时用清水冲净。镶贴墙面时，应先贴大面，后贴阴阳角、凹槽等难度较大、耗工较多的部位。

2. 顶棚镶贴方法

镶贴前，应把墙上的水平线翻到墙顶交接处（四边均弹水平线），校核顶棚方正情况，阴阳角应找直，并按水平线将顶棚找平。如果墙与顶棚均贴釉面砖时，则房间要求规方，阴阳角都须方正，墙与顶棚成90°角。排砖时，非整砖应留在同一方向，使墙顶砖缝交圈。镶贴时，应先贴标志块，间距一般为1.2m，其他操作与墙面镶贴相同。

（三）外墙釉面砖镶贴

外墙釉面砖镶贴由底层灰、中层灰、结合层及面层组成。

外墙釉面砖的镶贴形式由设计而定。矩形釉面砖宜竖向镶贴；釉面砖的接缝宜采用离缝，缝宽不大于10mm；釉面砖一般应对缝排列，不宜采用错缝排列。

外墙面贴釉面砖应从上而下分段，每段内应自下而上镶贴。

在整个墙面两头各弹一条垂直线（如墙面较长），在墙面中间部位再增弹几条垂直线。垂直线之间距离应为釉面砖宽的整倍数（包括接缝宽），墙面两头垂直线应距墙阳角（或阴角）为一块釉面砖的宽度。垂直线作为竖行标准。

在各分段分界处各弹一条水平线，作为贴釉面砖横行标准。各水平线的距离应为釉面砖高度（包括接缝）的整倍数。

清理底层灰面，并浇水湿润，刷一道素水泥浆，紧接着抹上水泥石灰砂浆，随即将釉面砖对准位置镶贴上去，用橡胶锤轻敲，使其贴实平整。

每个分段中宜先沿水平线贴横向一行砖，再沿垂直线贴竖向几行砖，从下往上第二横行开始，应在垂直线处已贴的釉面砖上口间拉上准线，横向各行釉面砖依准线镶贴。

阳角处正面的釉面砖应盖住侧面的釉面砖的端边，即将接缝留在侧面，或在阳角处留成方口，以后用水泥砂浆勾缝。阴角处应使釉面砖的接缝正对阴角线。

镶贴完一段后，即把釉面砖的表面擦洗干净，用水泥细砂浆勾缝，待其干硬后，再擦洗一遍釉面砖表面。

墙面上如有突出的预埋件时，釉面砖的镶贴应根据具体尺寸用整砖裁割后贴上去，不得用碎块砖拼贴。

同一墙面应用同一品种、同一色彩、同一批号的釉面砖，并注意花纹倒顺。

（四）外墙锦砖（马赛克）镶贴

外墙贴锦砖可采用陶瓷锦砖或玻璃锦砖。锦砖镶贴由底层灰、中层灰、结合层及面层等组成。

锦砖的品种、颜色及图案选择由设计而定。锦砖是成联供货的，所镶贴墙面的尺寸最好是砖联尺寸的整倍数，尽量避免将砖联拆散。

外墙镶贴锦砖施工要点如下：①外墙镶贴锦砖应自上而下进行分段，每段内从下而上镶贴。②底层灰凝固后，清理墙面使其干净。按砖联排列位置，在墙面上弹出砖联分格线。根据图案形式，在各分格内写上砖联编号，相应在砖联纸背上也写上砖联编号，以便对号镶贴。③清理各砖联的粘贴面

(即锦砖背面)，按编号顺序预排就位。④在底层灰面上洒水湿润，刷上水泥浆一道（中层灰），接着涂抹纸筋石灰膏水泥混合灰结合层，紧跟着将砖联对准位置镶贴上去并用木垫板压住，再用橡胶锤全面轻轻敲打一遍，使砖联贴实平整。砖联可预先放在木垫板上，连同木垫板一齐贴上去，敲打木垫板即可。砖联平整后即取下木垫板。⑤待结合层的混合灰能粘住砖联后，轻轻揭掉洒水湿润砖联的背纸。要将背纸撕揭干净，不留残纸。⑥在混合灰初凝前，修整各锦砖间的接缝，如接缝不正、宽窄不一，应予拨正。如有锦砖掉粒，应予补贴。⑦在混合灰终凝后，用同色水泥擦缝（略洒些水）。白色为主的锦砖应用白水泥擦缝，深色为主的锦砖应用普通水泥擦缝。⑧擦缝水泥干硬后，用清水擦洗锦砖面。⑨非整砖联处，应根据所镶贴的尺寸预先将砖联裁割，去掉不需要的部分（连同背纸），再镶贴上去。不可将锦砖块从背纸上剥下来，一块一块地贴上去。⑩如果结合层所用的混合灰中未掺入108胶，应在砖联的粘贴面随贴随刷一道混凝土界面处理剂，以增强砖联与结合层的黏结力。每个分段内的锦砖宜连续贴完。墙及柱的阳角处，不宜将一面锦砖边凸出去盖住另一面锦砖接缝，而应各自贴到阳角线处，缺口处用水泥细砂浆勾缝。

二、大理石板、花岗石板、青石板等饰面板的安装

（一）小规格饰面板的安装

小规格大理石板、花岗石板、青石板，板材尺寸小于300mm×300mm，板厚8～12mm，粘贴高度低于1m的踢脚线板、勒脚、窗台板等，可采用水泥砂浆粘贴的方法安装。

1. 踢脚线粘贴

用1∶3水泥砂浆打底，找规矩，厚约12mm，用刮尺刮平，划毛。待底子灰凝固后，将经过湿润的饰面板背面均匀地抹上厚2～3mm的素水泥浆，随即将其贴于墙面，用木锤轻敲，使其与基层黏结紧密。随之用靠尺找平，使相邻各块饰面板接缝齐平，高差不超过0.5mm，并将边口和挤出拼缝的水泥擦净。

2. 窗台板安装

安装窗台板时，先校正窗台的水平，确定窗台的找平层厚度，在窗口两边按图纸要求的尺寸在墙上剔槽。多窗口的房屋剔槽时要拉通线，并将窗口找平。

清除窗台上的垃圾杂物，洒水润湿。用1∶3干硬性水泥砂浆或细石混凝土抹找平层，用刮尺刮平，均匀地撒上干水泥，待水泥充分吸水呈水泥浆状态，再将湿润后的板材平稳地安上，用木锤轻轻敲击，使其平整并与找平层有良好黏结。在窗口两侧墙上的剔槽处，要先浇水润湿。板材伸入墙面的尺寸（进深与左右）要相等。板材放稳后，应用水泥砂浆或细石混凝土将嵌入墙的部分塞密堵严。窗台板接楂处注意平整，并与窗下槛在同一水平。

若有暗炉片槽，且窗台板长向由几块拼成，在横向挑出墙面尺寸较大时，应先在窗台板下预埋角铁，要求角铁埋置的高度、进出尺寸一致，其表面应平整，并用较高强度等级的细石混凝土灌注，过一周后再安装窗台板。

3. 碎拼大理石

大理石厂生产光面和镜面大理石时，裁割的边角废料，经过适当的分类加工，可作为墙面的饰面材料，能取得较好的装饰效果。例如，矩形块料、冰裂状块料、毛边碎块等各种形体的拼贴组合，都会给人以乱中有序、自然优美的感觉，主要是采用不同的拼法和嵌缝处理，来求得一定的饰面效果。

矩形块料。对于锯割整齐而大小不等的正方形大理石边角块料，以大小搭配的形式镶拼在墙面上，缝隙间距1～1.5mm，镶贴后用同色水泥色浆嵌缝，可嵌平缝，也可嵌凸缝，擦净后上蜡打光。

冰裂状块料。将锯割整齐的各种多边形大理石板碎料，搭配成各种图案。缝隙可做成凹凸缝，也可做成平缝，用同色水泥色浆嵌抹，擦净后上蜡打光。平缝的间隙可以稍小，凹凸缝的间隙可在10～12mm，凹凸2～4mm。

毛边碎料。选取不规则的毛边碎块，因不能紧密吻合，故镶拼的接缝比以上两种块料为大，应注意大小搭配，乱中有序，生动自然。

（二）湿法铺贴工艺

湿法铺贴工艺适用于板材厚为20～30mm的大理石、花岗石或预制水磨石板，墙体为砖墙或混凝土墙。它是传统的铺贴方法，即在竖向基体上预挂钢筋网，用铜丝或镀锌钢丝绑扎板材并灌水泥砂浆粘牢。这种方法的优点是牢固可靠，缺点是工序烦琐、卡箍多样、板材上钻孔易损坏，特别是灌注砂浆易污染板面和使板材移位。

采用湿法铺贴工艺，墙体应设置锚固体。砖墙体应在灰缝中预埋 Φ6 钢筋钩，钢筋钩中距为500mm或按板材尺寸。挂贴高度大于3m时，钢筋钩改用 Φ10钢筋，钢筋钩埋入墙体内深度应不小于120mm，伸出墙面30mm。混凝土墙体可射入 Φ8.7×62的射钉，中距也为500mm或按板材尺寸，射钉打入墙体内30mm，伸出墙面32mm。

挂贴饰面板之前，将 Φ6钢筋网焊接或绑扎于锚固件上。钢筋网双向中距为500mm或按板材尺寸。

在饰面板上、下边各钻不少于两个 Φ5的孔，孔深15mm，清理饰面板的背面。用双股18号铜丝穿过钻孔，把饰面板绑牢于钢筋网上。饰面板的背面距墙面应不小于50mm。

饰面板的接缝宽度可垫木楔调整，应确保饰面板外表面平整、垂直及板的上沿平顺。

每安装好一行横向饰面板后，即进行灌浆。灌浆前，应先浇水将饰面板背面及墙体表面湿润，在饰面板的竖向接缝内填塞15~20mm深的麻丝或泡沫塑料条以防漏浆。光面、镜面和水磨石饰面板的竖缝，可用石膏灰临时封闭，并在缝内填塞泡沫塑料条。

拌和好1：2.5水泥砂浆，将砂浆分层灌注到饰面板背面与墙面之间的空隙内，每层灌注高度为150~200mm，且不得大于板高的1/3，并插捣密实。待砂浆初凝后，应检查板面位置，如有移动错位应拆除重新安装；若无移位，方可安装上一行板。施工缝应留在饰面板水平接缝以下50~100mm处。

突出墙面的勒脚饰面板安装，应待墙面饰面板安装完工后进行。

待水泥砂浆硬化后，将填缝材料清除，饰面板表面清洗干净。光面和镜面的饰面经清洗晾干后，方可打蜡擦亮。

（三）干法铺贴工艺

干法铺贴工艺，通常称为干挂法施工，即在饰面板材上直接打孔或开槽，用各种形式的连接件与结构基体用膨胀螺栓或其他架设金属连接而不需要灌注砂浆或细石混凝土。饰面板与墙体之间留出40~50mm的空腔。这种方法适用于30m以下的钢筋混凝土结构基体上，不适用于砖墙和加气混凝土墙。

干法铺贴工艺的主要优点如下：①在风力和地震作用时，允许产生适量的变位，而不致出现裂缝和脱落。②冬季照常施工，不受季节限制。③没有湿作业的施工条件，既改善了施工环境，也避免了浅色板材透底污染以及空鼓、脱落等问题的发生。④可以采用大规格的饰面石材铺贴，从而提高了施工效率。⑤可自上而下拆换、维修，无损于板材和连接件，使饰面工程拆改翻修方便。

扣件固定法的安装施工步骤如下：①板材切割。按照设计图纸要求在施工现场进行切割，由于板块规格较大，宜采用石材切割机切割，注意保持板块边角的挺直和规矩。②磨边。板材切割后，为使其边角平滑，可采用手提式磨光机进行打磨。③钻孔。相邻板块采用不锈钢销钉连接固定，销钉插在板材侧面孔内。孔径 ϕ5mm，深度12mm，用电钻打孔。由于它关系到板材的安装精度，因而要求钻孔位置准确。④开槽。由于大规格石板的自重大，除了由钢扣件将板块下口托牢以外，还需在板块中部开槽设置承托扣件以支承板材的自重。⑤涂防水剂。在板材背面涂刷一层丙烯酸防水涂料，以增强外饰面的防水性能。⑥墙面修整。如果混凝土外墙表面有局部凸出处会影响扣件安装时，须进行凿平修整。⑦弹线。从结构中引出楼面标高和轴线位置，在墙面上弹出安装板材的水平和垂直控制线，并做出灰饼以控制板材安装的平整度。⑧墙面涂刷防水剂。由于板材与混凝土墙身之间不填充砂浆，为了防止因材料性能或施工质量可能造成的渗漏，在外墙面上涂刷一层防水剂，以加强外墙的防水性能。⑨板材安装。安装板材的顺序是自下而上进行，在墙面最下一排板材安装位置的上下口拉两条水平控制线，板材从中间或墙面阳角开始就位安装。先安装好第一块作为基准，其平整度以事先设置的灰饼为依据，用线锤吊直，经校准后加以固定。一排板材安装完毕，再进行上一排扣件的固定和安装。板材安装要求四角平整，纵横对缝。⑩板材固定。钢扣件和墙身用胀铆螺栓固定，扣件为一块钻有螺栓安装孔和销钉孔的平钢板。根据墙面与板材之间的安装距离，在现场用手提式折压机将其加工成角钢。扣件上的孔洞均呈椭圆形，以便安装时调节位置。板材接缝的防水处理。石板饰面接缝处的防水处理采用密封硅胶嵌缝。嵌缝之前，先在缝隙内嵌入柔性条状泡沫聚乙烯材料作为衬底，以控制接缝的密封深度和加强密封胶的黏结力。

三、金属饰面板施工

金属饰面板主要有彩色压型钢板复合墙板、铝合金板和不锈钢板等。

（一）彩色压型钢板复合墙板

彩色压型钢板复合墙板是以波形彩色压型钢板为面板，以轻质保温材料为芯层，经复合而成的轻质保温墙板，适用于工业与民用建筑物的外墙挂板。

这种复合墙板的夹芯保温材料，可分别选用聚苯乙烯泡沫板、岩棉板、玻璃棉板、聚氨酯泡沫塑料等。其接缝构造基本上分两种：一种是在墙板的垂直方向设置企口边；另一种为不设企口边。如果采用轻质保温板材作保温层，在保温层中间要放两条宽50mm的带钢钢箍，在保温层的两端各放三块槽形冷弯连接件和两块冷弯角钢吊挂件，然后用自攻螺钉把压型钢板与连接件固定，钉距一般为100～200mm。若采用聚氨酯泡沫塑料作保温层，可以预先浇筑成型，也可在现场喷雾发泡。

彩色压型钢板复合墙板的安装，是用吊挂件把板材挂在墙身檩条上，再把吊挂件与檩条焊牢；板与板之间连接，水平缝为搭接缝，竖缝为企口缝。除用超细玻璃棉塞缝外，所有接缝处还需用自攻螺钉钉牢，钉距为200mm。门窗洞口、管道穿墙及墙面端头处，墙板均为异型复合墙板，用压型钢板与保温材料按设计规定尺寸进行裁割，然后按照标准板的做法进行组装。女儿墙顶部、门窗周围均设防雨泛水板，泛水板与墙板的接缝处，用防水油膏嵌缝。压型板墙转角处，用槽形转角板进行外包角和内包角，转角板用螺栓固定。

（二）铝合金板墙面施工

铝合金板墙面装饰，主要用于玻璃幕墙或大玻璃窗配套，或商业建筑的入口处的门脸、柱面及招牌的衬底等部位，或用于内墙装饰，如大型公共建筑的墙裙等。

铝合金板有方形板和条形板，方形板有正方形板、矩形板及异形板。条形板一般是指宽度在150mm以内的窄条板材，长度6m左右，厚度多为0.5～

1.5mm。根据其断面及安装形式的不同，通常又被分为铝合金板或铝合金扣板。

1. 铝合金板的固定

铝合金板的固定方法较多。按其固定原理可分为两类：一类是配合特制的带齿形卡脚的金属龙骨，安装时将板条扣在龙骨上面，不需使用钉件；另一类是将铝合金板用螺栓或自攻螺钉固定于型钢或木骨架上。

铝合金扣板的固定：铝合金扣板多用于建筑首层的入口及招牌衬底等较为醒目的部位，其骨架可用角钢或槽钢焊成，也可用方木铺钉。骨架与墙面基层多用膨胀螺栓固定，扣板与骨架用自攻螺钉固定。

铝合金蜂窝板的固定：铝合金蜂窝板与骨架用连接板固定。

铝合金成型板的固定：在铝合金板的上下各留两个孔，然后与内架上焊牢的钢销钉相配。安装时，只需将铝合金板的孔眼穿入销钉上即可，上下板之间的缝隙内填充聚氯乙烯泡沫，然后在其外侧注入硅酮密封胶。

2. 铝合金板墙面施工

铝合金墙板安装的工程质量要求较高，技术难度也比较大。施工前应认真查阅图纸，领会设计意图，并进行详细的技术交底，使操作者能够主动地做好每一道工序。

（1）放线

铝合金板墙面基本上是由铝合金板和骨架组成。其骨架一般是由横竖杆件拼装而成，可以是铝合金型材，也可以是型钢。固定骨架时，先在墙面上弹出骨架位置线，以保证骨架施工的准确性。

放线前要检查结构的质量情况，如果发现结构的垂直度与平整度误差较大对骨架固定质量有影响时，应及时通知设计单位。放线最好一次放完，如有出入，可进行调整。

（2）固定骨架连接件

骨架的横竖杆件是通过连接件与结构固定的，而连接件与结构之间，可以同结构的预埋件焊牢，也可在墙上打膨胀螺栓，但使用膨胀螺栓锚固较多。这种方法较为灵活简便，尺寸误差也比较小，有利于保证骨架位置的准确性。

连接件施工质量主要是要保证牢固可靠，操作过程中要加强自检和互检，并将检查结果做好隐蔽记录。如焊缝的长度、高度，膨胀螺栓的埋入深度等最好做拉拔试验，检查其是否符合设计要求。型钢一类的连接件，其表面应镀锌，焊缝处应刷防锈漆。

(3) 固定骨架

所有的骨架均应经防腐处理。骨架安装要牢固，位置要准确。待安装完毕后，应对中心线、表面标高做全面检查。高层建筑的大面积外墙板，宜用经纬仪对横竖杆件进行贯通检查，以保证饰面板的安装精度。在检查无误后，即可对骨架进行固定，同时对所有的骨架进行防腐处理。

(4) 安装铝合金板

铝合金板的安装固定方法较多，操作的要点也不尽相同。无论使用何种方法，都必须做到安全、牢固。特别是高层建筑的铝合金外墙板，更不能有丝毫疏忽。

板与板之间，一般应当留出10~20mm的间隙，最后用氯丁橡胶条或硅酮密封胶进行密封处理。

铝合金板安装操作应注意施工安全，遇大风大雨，不能使用吊篮；如果使用外墙脚手架，应设安全网。铝合金板安装完毕，须在易被碰撞及污染处采取保护措施。为防止碰撞，宜设安全保护栏；为防污染，多用塑料薄膜遮盖。

四、玻璃幕墙施工

玻璃幕墙是近代科学技术发展的产物，是高层建筑时代的显著特征，其主要部分由饰面玻璃和固定玻璃的骨架组成。其主要特点是：建筑艺术效果好、自重轻、施工方便、工期短。但玻璃幕墙造价高，抗风、抗震性能较弱，能耗较大，对周围环境可能形成光污染。

(一) 玻璃幕墙分类

1. 明框玻璃幕墙

明框玻璃幕墙是将玻璃板镶嵌在铝框内，成为四边有铝框的幕墙构件，幕墙构件镶嵌在横梁上，形成横梁、主框均外露且铝框分格明显的立面。

明框玻璃幕墙构件的玻璃和铝框之间必须留有空隙，以满足温度变化和主体结构位移所必需的活动空间。空隙用弹性材料（如橡胶条）充填，必要时用硅酮密封胶（耐候胶）予以密封。

2. 隐框玻璃幕墙

隐框玻璃幕墙是将玻璃用结构胶黏结在铝框上，大多数情况下不再加金属连接件。因此，铝框全部隐蔽在玻璃后面，形成大面积全玻璃镜面。

结构胶要承受玻璃的自重及玻璃所承受的风荷载和地震作用、温度变化的影响。因此，结构胶的质量好坏是隐框幕墙安全性的关键环节。

3. 半隐框玻璃幕墙

半隐框玻璃幕墙是将玻璃两对边嵌在铝框内，另两对边用结构胶粘在铝框上，形成半隐框玻璃幕墙。立柱外露，横梁隐蔽的称为竖框横隐幕墙；横梁外露，立柱隐蔽的称为竖隐横框幕墙。

4. 全玻璃幕墙

为游览观光需要，在建筑物底层、顶层及旋转餐厅的外墙使用玻璃板，其支承结构采用玻璃肋，称为全玻璃幕墙。

高度不超过4.5m的全玻璃幕墙可以用下部直接支承的方式来进行安装；超过4.5m的全玻璃幕墙，宜用上部悬挂方式安装。

（二）玻璃幕墙的施工工艺

1. 定位放线

玻璃幕墙的测量放线应与主体结构测量放线相配合，其中心线和标高点由主体结构单位提供并校核准确。

放线应沿楼板外沿弹出墨线或用钢琴线定出幕墙平面基准线，从基准线测出一定距离为幕墙平面。以此线为基准确定立柱的前后位置，从而决定整片幕墙的位置。

2. 骨架安装

（1）连接件安装

骨架的固定是用连接件将骨架与主体结构相连。固定方式一般有两种：一种是在主体结构上预埋铁件，将连接件与预埋铁件焊牢；另一种是在主体结构上钻孔，然后用膨胀螺栓将连接件与主体结构相连。

（2）立柱的安装

立柱先连接好连接件，再将连接件点焊在主体结构的预埋钢板上，然后调整位置。立柱的垂直度可用锤球控制，位置调整准确后，将支撑立柱的钢牛腿焊牢在预埋件上。立柱一般根据施工运输条件，可以是一层楼高或二层楼高为一整根。接头应有一定空隙，采用套筒连接法。

(3) 横梁的安装

横向杆件的安装，宜在竖向杆件安装后进行。如果横竖杆件均是型钢，可以采用焊接，也可以采用螺栓或其他办法连接。采用焊接时，大面积骨架需焊接的部位较多，由于受热不均，容易引起骨架变形，故应注意焊接的顺序及操作。如有可能，应尽量减少现场的焊接工作量。安装完一层后，应进行检查、调整，校正后再固定，以符合安装质量标准。

3. 玻璃安装

安装前，应清洁玻璃，四边的铝框也要清除污物，以保证嵌缝耐候胶可靠黏结。玻璃的镀膜面应朝室内方向。玻璃面积在$3m^2$以内时，一般可采用人工安装。玻璃面积过大、质量很大时，应采用真空吸盘等机械安装。玻璃不能与其他构件直接接触，四周必须留有空隙，下部应有定位垫块，垫块宽度与槽口相同，长度不小于100mm。隐框幕墙构件下部应设两个金属支托，支托不应突出到玻璃的外面。

4. 耐候胶嵌缝

玻璃板材或金属板材安装后，板材之间的间隙，必须用耐候胶嵌缝，并予以密封，防止气体渗透和雨水渗漏。

(三) 玻璃幕墙安装的允许偏差和检验方法

玻璃幕墙安装的允许偏差和检验方法应符合表3-2、表3-3的规定。

表3-2　明框玻璃幕墙安装的允许偏差和检验方法

项次	项目		允许偏差(mm)	检验方法
1	幕墙垂直度	幕墙高度≤30m	10	用经纬仪检查
		30m＜幕墙高度≤60m	15	
		60m＜幕墙高度≤90m	20	
		幕墙高度＞90m	25	
2	幕墙水平度	幕墙幅宽≤35m	5	用水平尺检查
		幕墙幅宽＞35m	7	
3	构件直线度		2	用2m靠尺和塞尺检查

续表

项次	项目		允许偏差(mm)	检验方法
4	构件水平度	构件长度≤2m	2	用水平仪检查
		构件长度>2m	3	
5	相邻构件错位		1	用钢直尺检查
6	分格框对角线长度差	对角线长度	3	用钢尺检查
		对角线长度>2m	4	

表3-3 隐框、半隐框玻璃幕墙安装的允许偏差和检验方法

项次	项目		允许偏差(mm)	检验方法
1	幕墙垂直度	幕墙高度≤30m	10	用经纬仪检查
		30m<幕墙高度≤60m	15	
		60m<幕墙高度≤90m	20	
		幕墙高度>90m	25	
2	幕墙水平度	幕墙幅宽≤35m	3	用水平尺检查
		幕墙幅宽>35m	5	
3	幕墙表面平整度		2	用2m靠尺和塞尺检查
4	板材立面垂直度		2	用垂直检测尺检查
5	板材上沿水平度		2	用1m水平尺和钢直尺检查
6	相邻板材板角错位		1	用钢直尺检查
7	阳角方正		2	用直角检测尺检查
8	接缝直线度		3	拉5m线,不足5m拉通线,用钢尺检查
9	接缝高低差		1	用钢直尺和塞尺检查
10	接缝宽度		1	用钢直尺检查

五、饰面工程的质量要求

饰面所用材料的品种、规格、颜色、图案以及镶贴方法应符合设计要求；饰面工程的表面不得有变色、起碱、污点、砂浆流痕和显著的光泽受损处；突出的管线、支承物等部位镶贴的饰面砖，应套割吻合；饰面板和饰面砖不得有歪斜、翘曲、空鼓、缺棱、掉角、裂缝等缺陷；镶贴墙裙、门窗贴

脸的饰面板、饰面砖，其突出墙面的厚度应一致。

第三节 楼地面工程施工

一、楼地面的组成及分类

（一）楼地面的组成

楼地面是房屋建筑底层地坪与楼层地坪的总称，主要由面层、垫层和基层构成。

（二）楼地面的分类

按面层材料分，可将楼地面分为土、灰土、三合土、水泥砂浆混凝土、水磨石、陶瓷锦砖、塑料地面等。

按面层结构，可将楼地面分为3大类：一是整体面层，如灰土、三合土、水泥砂浆、混凝土、现浇水磨石、沥青砂浆和沥青混凝土等；二是板块面层，如缸砖、塑料地板、陶瓷锦砖、水泥花砖、预制水磨石块、大理石板材、花岗石板材等；三是木竹面层，如实木地板、复合木地板、竹地板等。

二、基层施工

（一）抄平弹线，统一标高

检测各个房间的地坪标高，并将同一水平标高线弹在各房间四壁上，离地面500mm处。

（二）地基处理

地面下的填土应采用素土分层夯实。土块的粒径不得大于50mm。每层虚铺厚度：用机械压实不应大于300mm，用人工夯实不应大于200mm，每层夯实后的干密度应符合设计要求。回填土的含水率应按照最佳含水率进行控制，太干的土要洒水湿润，太湿的土应晾干后使用。遇有橡皮土必须挖除更换，或将其表面挖松100～150mm，掺入适量的生石灰（其粒径小于5mm，每平方米掺6～10kg），然后再夯实。[①]

用碎石、卵石或碎砖等作地基表面处理时，直径应为40～60mm，并应将其铺成一层，采用机械压进适当湿润的土中，其深度不应小于400mm。在不能使用机械压实的部位，可采用夯打压实。

淤泥、腐殖土、冻土、耕植土、膨胀土和有机物含量大于8%的土，均不得用作地面下的填土。地面下的基土，经夯实后的表面应平整，用2m靠尺检查。要求其土表面凹凸不大于15mm，标高应符合设计要求，其偏差应控制在0～50mm范围内。

（三）板缝处理

楼面的基层是楼板，应做好楼板板缝灌浆、堵塞工作和板面清理工作。

三、垫层施工

（一）刚性垫层

刚性垫层是指用水泥混凝土、水泥碎砖混凝土、水泥炉渣混凝土和水泥石灰炉渣混凝土等各种低强度等级混凝土做的垫层。

混凝土垫层的厚度一般为60～100mm。混凝土强度等级不宜低于C10，粗骨料粒径不应超过50mm，且不得超过垫层厚度的2/3，混凝土配合比按普通混凝土配合比设计进行试配。其施工要点如下：①清理基层，检测弹线。②浇筑混凝土垫层前，基层应洒水湿润。③浇筑大面积混凝土垫层时，应纵横每6～10m设中间水平桩，以控制厚度。④大面积浇筑宜采用分仓浇筑的方法，要根据变形缝位置、不同材料面层的连接部位或设备基础位置情况进行分仓，分仓距离一般为3～4m。

（二）柔性垫层

柔性垫层包括用土、砂、石、炉渣等散状材料经压实的垫层。砂垫层厚度不小于60mm，应适当浇水并用平板振动器振实；砂石垫层的厚度不小于100mm，要求粗细颗粒混合摊铺均匀，浇水使砂石表面湿润，碾轧或夯实不少于3遍至不松动为止。

①张坤，樊荣．简述建筑工程楼地面工程施工策略[J]．中国住宅设施，2022（10）：100-102.

根据需要可在垫层上做水泥砂浆、混凝土、沥青砂浆或沥青混凝土找平层。

四、整体面层施工

（一）水泥砂浆面层

水泥砂浆地面面层的厚度应不小于20mm，一般用硅酸盐水泥、普通硅酸盐水泥，用中砂或粗砂配制，配合比应为1：2（体积比）。

面层施工前，先按设计要求测定地平面层标高，校正门框，将垫层清扫干净并洒水湿润。表面比较光滑的基层，应进行凿毛，并用清水冲洗干净。铺抹砂浆前，应在四周墙上弹出一道水平基准线，作为确定水泥砂浆面层标高的依据。面积较大的房间，应根据水平基准线在四周墙角处每隔1.5~2m用1：2水泥砂浆抹标志块，以标志块的高度做出纵横方向通长的标筋来控制面层厚度。

面层铺抹前，先刷一道含4%~5%的108胶的水泥浆，随即铺抹水泥砂浆，用刮尺赶平，并用木抹子压实，在砂浆初凝后终凝前，用铁抹子反复压光3遍。砂浆终凝后铺盖草袋、锯末等进行浇水养护。施工大面积的水泥砂浆面层时，应按设计要求留分格缝，防止砂浆面层产生不规则裂缝。

水泥砂浆面层强度小于5MPa之前，不准上人行走或进行其他作业。

（二）细石混凝土面层

细石混凝土面层可以克服水泥砂浆面层干缩较大的弱点。这种面层强度高，干缩值小。与水泥砂浆面层相比，它的耐久性更好，但厚度较大，一般为30~40mm。混凝土强度等级不低于C20，所用粗骨料要求级配适当，粒径不大于15mm，且不大于面层厚度的2/3。用中砂或粗砂配制。

细石混凝土面层施工的基层处理和找规矩的方法与水泥砂浆面层施工相同。

铺细石混凝土时，应由里向门口方向进行铺设，按标志筋厚度刮平拍实后，稍待收水，即用钢抹子预压一遍，待进一步收水，即用铁滚筒交叉滚压3~5遍或用表面振动器振捣密实，直到表面泛浆为止，然后进行抹平压光。细石混凝土面层与水泥砂浆面层基本相同，必须在水泥初凝前完成抹平工作，终凝前完成压光工作，要求其表面色泽一致，光滑无抹子印迹。

钢筋混凝土现浇楼板或强度等级不低于C15的混凝土垫层兼面层时，可用随捣随抹的方法施工。混凝土楼地面浇捣完毕，表面略有吸水后即进行抹平压光。混凝土面层的压光和养护时间和方法与水泥砂浆面层相同。

（三）现制水磨石面层

水磨石地面面层施工，一般是在完成顶棚、墙面等抹灰后进行。也可以在水磨石楼、地面磨光两遍后再进行顶棚、墙面抹灰，但对水磨石面层应采取保护措施。

水磨石地面施工工艺流程如下：基层清理→浇水冲洗湿润→设置标筋→铺水泥砂浆找平层→养护→嵌分格条→铺抹水泥石子浆→养护→研磨→打蜡抛光。

水磨石面层所用的石子应质地密实、磨面光亮，如硬度不大的大理石、白云石、方解石或质地较硬的花岗岩、玄武岩、辉绿岩等。石子应洁净无杂质，石子粒径一般为4～12mm；白色或浅色的水磨石面层，应采用白色硅酸盐水泥，深色的水磨石面层应采用普通硅酸盐水泥或矿渣硅酸盐水泥，水泥中掺入的颜料应选用遮盖力强、耐光性、耐候性、耐水性和耐酸碱性好的矿物颜料。掺量一般为水泥用量的3%～6%，也可由试验确定。

1. 嵌分格条

在找平层上按设计要求的图案弹出墨线，然后按墨线固定分格条（铜条或玻璃条）。嵌条宽度与水磨石面层厚度相同，分格条正确的粘嵌方法是纯水泥浆粘嵌玻璃条成八分角，略大于分格条的1/2高度，水平方向以30°角为准。分格条交叉处应留出15～20mm的空隙不填水泥浆，这样在铺设水泥石子浆时，石粒能靠近分格条交叉处。分格条应平直、牢固、接头严密。

2. 铺水泥石子浆

分格条粘嵌养护3～5d后，将找平层表面清理干净，刷水泥浆一道，随刷随铺面层水泥石子浆。水泥石子浆的虚铺厚度比分格条高3～5mm，以防在滚压时压弯铜条或压碎玻璃条。铺好后，用滚筒滚压密实，待表面出浆后，再用抹子抹平。在滚压过程中，如发现表面石子偏少，可补撒石子并拍平；如在同一平面上有几种颜色的水磨石，应先做深色，后做浅色，先做大面，后做镶边。待前一种色浆凝固后，再抹后一种色浆。

3. 研磨

水磨石的开磨时间与水泥强度和气温高低有关，应先试磨，在石子不松动时方可开磨。大面积施工宜用磨石机研磨，小面积、边角处，可用小型湿式磨光机研磨或手工研磨。研磨时应边磨边加水，对磨下的石浆应及时清除。

水磨石面一般采用“二浆三磨”法，即整修研磨过程中磨光3遍，补浆2次。第一遍先用60～80号粗金刚石粗磨，磨石机走“8”字形，边磨边加水冲洗，要求磨匀磨平，随时用2m靠尺板进行平整度检查。磨后把水泥浆冲洗干净，并用同色水泥浆涂抹，填补研磨过程中出现的小孔隙和凹痕，洒水养护2～3d。第二遍用120～150号金刚石再平磨，方法同第一遍，磨光后再补一次浆。第三遍用180～240号油石精磨，要求打磨光滑，无砂眼细孔，石子颗颗显露。高级水磨石面层应适当增加磨光遍数及提高油石的号数。

4. 抛光

在影响水磨石面层质量的其他工序完成后，将地面冲洗干净，涂上10%浓度的草酸溶液，随即用280～320号油石进行细磨或把布卷固定在磨石机上进行研磨，直到表面光滑为止。用水冲洗、晾干后，在水磨石面层上满涂一层蜡，稍干后再用磨光机研磨，或用钉有细帆布的木块代替油石，装在磨石机上研磨出光亮后，再涂蜡研磨一遍，直到光滑洁亮为止。

（四）整体面层的允许偏差和检验方法

整体面层的允许偏差和检验方法见表3-4。

表3-4　整体面层的允许偏差和检验方法

项次	项目	允许偏差(mm)						检验方法
		水泥混凝土面层	水泥砂浆面层	普通水磨石面层	高级水磨石面层	硬化耐磨面层	防油渗混凝土和不发火（防爆)面层	
1	表面平整度	5	4	3	2	4	5	用2m靠尺和塞尺检查

续表

项次	项目	允许偏差(mm)						检验方法
		水泥混凝土面层	水泥砂浆面层	普通水磨石面层	高级水磨石面层	硬化耐磨面层	防油渗混凝土和不发火（防爆）面层	
2	踢脚线上口平直	4	4	3	3	4	4	拉 2m 线和用钢尺检查
3	缝格平直	3	3	3	2	3	3	

五、板块面层施工

板块面层是在基层上用水泥砂浆或水泥浆、胶黏剂铺设块料面层（如水泥花砖、预制水磨石板、花岗石板、大理石板、马赛克等）形成的楼面面层。

（一）施工准备

铺贴前，应先挂线检查地面垫层的平整度，弹出房间中心十字线，然后由中央向四周弹出分块线，同时在四周墙壁上弹出水平控制线。按照设计要求进行试拼试排，在块材背面编号，以便安装时对号入座。根据试排结果，在房间的主要部位弹上互相垂直的控制线并引至墙上，用以检查和控制板块的位置。

（二）大理石板、花岗石板及预制水磨石板地面铺贴

板材浸水施工前应将板材（特别是预制水磨石板）浸水湿润，并阴干码好备用，铺贴时，板材的底面以内潮外干为宜。

摊铺结合层先在基层或找平层上刷一遍掺有4%~5%的108胶的水泥浆，水灰比为0.4~0.5。随刷随铺水泥砂浆结合层，厚度10~15mm，每次铺2~3块板面积为宜，并对照拉线将砂浆刮平。

正式铺贴时，要将板块四角同时坐浆，四角平稳下落，对准纵横缝后，用木锤敲击中部使其密实、平整，准确就位。

灌缝要求嵌铜条的地面板材铺贴，先将相邻两块板铺贴平整，留出嵌条缝隙，然后向缝内灌水泥砂浆，将铜条敲入缝隙内，使其外露部分略高于板

面即可，然后擦净挤出的砂浆。对于不设镶条的地面，应在铺完24h后洒水养护，2d后进行灌缝，灌缝力求达到紧密。

上蜡磨亮板块铺贴完工，待结合层砂浆强度达到60%～70%即可打蜡抛光，3d内禁止上人走动。

（三）水泥花砖和混凝土板地面施工

铺贴方法与预制水磨石板铺贴基本相同。

板材缝隙宽度：水泥花砖不大于2mm，预制混凝土板不大于6mm。

（四）陶瓷锦砖地面施工

铺贴。结合层砂浆养护2～3d后开始铺贴，先将结合层表面用清水湿润，刷素水泥浆一道，边刷边按控制线铺陶瓷锦砖，从房屋地面中间向两边铺贴。

拍实。整个房间铺完后，由一端开始用木锤或拍板依次拍实拍平所铺陶瓷锦砖，拍至水泥浆填满陶瓷锦砖缝隙为宜。

揭纸。面层铺贴完毕30min后，用水润湿背纸，再过15min后，即可把纸揭掉并用铲刀清理干净。

灌缝、拨缝。揭纸后应及时灌缝、拨缝，先用1∶1水泥细砂（砂要过窗纱筛）把缝隙灌满扫严。适当淋水后，用橡皮锤和拍板拍平。拍板要前后左右平移找平，将陶瓷锦砖拍至要求高度。然后用刀先调整竖缝后拨横缝，边拨边拍实。地漏处必须将陶瓷锦砖剔裁镶嵌顺平。最后用板拍一遍并局部调拨不均匀的缝隙，然后用棉纱轻轻擦掉余浆。如果湿度太大，可用干水泥扫一遍，用锯木屑擦净。

养护。面层铺贴24h后应铺锯木屑等养护，4～5d后方可上人。

（五）陶瓷铺地砖与墙地砖面层施工

铺贴前应先将地砖浸水湿润后阴干备用，阴干时间一般3～5d，以地砖表面有潮湿感但手按无水迹为准。

铺结合层砂浆。提前一天在楼地面基体表面浇水湿润后，铺1∶3水泥砂浆结合层。

弹线定位。根据设计要求弹出标高线和平面中线，施工时，用尼龙线或棉线在墙地面拉出标高线和垂直交叉的定位线。

铺贴地砖。用1∶2水泥砂浆摊抹于地砖背面，按定位线的位置铺于地面结合层上，用木锤敲击地砖表面，使之与地面标高线吻合贴实，边贴边用水平尺检查平整度。

擦缝。整幅地面铺贴完成后，养护2d后进行擦缝。擦缝时用水泥（或白水泥）调成干团，在缝隙上擦抹，使地砖的拼缝内填满水泥，再将砖面擦净。

（六）地毯面层施工

1. 地毯的分类

纯毛地毯。分为手工编织、机织和无纺羊毛地毯，是我国传统的手工艺品之一，历史悠久、图案精美、色彩鲜艳、质地厚实、经久耐用、驰名中外。

混纤地毯。在羊毛中加入化学纤维织成的地毯，品种较多。

化纤地毯。即合成纤维地毯，以化学纤维为原料，经簇绒法和机织法制作面层，再以麻布背衬加工而成。其外表和触感与羊毛地毯相似，耐磨而富有弹性，让人有舒适感，主要有锦纶地毯、腈纶地毯等。

塑料地毯。采用聚氯乙烯树脂增塑剂等多种辅助材料，经均匀混炼，塑制而成的一种新型软质地毯，具有质地柔软、色彩鲜艳、舒适耐用、不会燃烧、污染后易清洗等特点。

2. 地毯的铺设方法

地毯的铺设方法分为活动式与固定式两种。

活动式是将地毯明摆浮搁在地面基层上，不需将地毯同基层固定的一种铺设形式。固定式则相反，一般是用倒刺板条或胶黏剂将地毯固定在基层上。

倒刺法是用倒刺板条固定地毯。将平整、干燥的基层表面清扫干净，先在室内四周沿踢脚板的边缘将倒刺板条钉在基层上，倒刺板厚度应比补垫材料的厚度小1～2mm，板条上的倒刺钉突出板条3～4mm，钉子间距40～50mm。倒刺钉要略倒向墙一侧，与水平面成60°～75°，倒刺板条距墙边8～10mm，然后从房间一边开始，将裁好的地毯向一边展开，用撑平器双向撑开地毯，在墙边用木锤敲打，使木条上的倒刺钉尖刺入地毯。地毯铺完后，固定收口条或门口压条后，用吸尘器清扫干净。

六、木质地面施工

木质地面施工通常有实铺和架铺两种。实铺是在建筑地面上直接拼铺木地板。架铺是在地面上先做出木格栅，然后在木格栅上铺贴基面板，最后在基面板上镶铺面层木地板。

（一）基层施工

1. 高架木地板基层施工

地垄墙或砖墩：地垄墙应用水泥砂浆砌筑，砌筑时要根据地面条件设地垄墙的基础。每条地垄墙、内横墙和暖气沟墙均需预留120mm×120mm的通风洞两个，且在一条直线上，以利通风。暖气沟墙的通风洞口可采用缸瓦管与外界相通。外墙每隔3~5m应预留不小于180mm×180mm的通风孔洞，洞口距室外地坪标高不小于200mm，孔洞应安设箅子。如果地垄不易做通风处理，需在地垄顶部铺设防潮油毡。

木格栅：木格栅通常是方框或长方框结构，制作木格栅时，与木地板基板接触的表面一定要刨平，主次木方的连接可用榫结构或钉、胶结合的固定方法。无主次之分的木格栅，木方的连接可用半槽式扣接法。通常在砖墩上预留木方或铁件，然后用螺栓或骑马铁件将木格栅连接起来。

2. 一般架铺地板基层施工

一般架铺地板是在楼面上或已有水泥地坪的地面上进行。

地面处理。检查地面的平整度，做水泥砂浆找平层，然后在找平层上刷两遍防水涂料或乳化沥青。

木格栅。直接固定于地面的木格栅所用的木方，可采用截面尺寸为30mm×40mm或40mm×50mm的木方。组成木格栅的木方统一规格，其连接方式通常为半槽扣接，并在两木方的扣接处涂胶加钉。

木格栅与地面的固定。木格栅直接与地面的固定常用埋木楔的方法，即用 Φ16的冲击电钻在水泥地面或楼板上钻洞，孔洞深40mm左右。钻孔位置应在地面弹出的木格栅位置线上，两孔间隔0.8m左右，然后向孔洞内打入木楔。固定木方时，可用长钉将木格栅固定在打入地面的木楔上。

3. 实铺木地板的基层要求

木地板直接铺贴在地面时，对地面的平整度要求较高，一般地面应采用防水水泥砂浆找平或在平整的水泥砂浆找平层上刷防潮层。

（二）面层木地板铺设

木地板铺在基面或基层板上，铺设方法有钉接式和黏结式两种。

1. 钉接式

木地板面层有单层和双层两种。

单层木地板面层是在木格栅上直接钉直条企口板；双层木地板面层是在木格栅架上先钉一层毛地板，再钉一层企口板。

双层木地板的下层为毛地板，其宽度不大于120mm，铺设时必须清除其下方空间内的刨花等杂物。毛地板应与木格栅成30°或45°斜面钉牢，板间的缝隙不大于3mm，以免起鼓。毛地板与墙之间留8~12mm的缝隙，每块毛地板应在其下的每根木格栅上各用两个钉固结，钉的长度应为板厚的2.5倍。面板铺钉时，其顶面要刨平，侧面带企口，板宽不大于120mm，地板应与木格栅或毛地板垂直铺钉，并顺进门方向。接缝均应在木格栅中心部位，且间隔错开。

木板应材心朝上铺钉。木板面层距墙8~12mm，以后逐块紧铺钉，缝隙不超过1mm，圆钉长度为板厚2.5倍，钉帽砸扁，钉从板的侧边凹角处斜向钉入，板与格栅交接处至少钉一颗。钉到最后一块，可用明铺钉牢，钉帽砸扁冲入板内30~50mm。硬木地板面层铺钉前应先钻圆钉直径0.7~0.8倍的孔，然后铺钉。双层板面层铺钉前应在毛板上先铺一层沥青油纸或油毡隔潮。

木板面层铺完后，清扫干净。先按垂直木纹方向粗刨一遍，再顺木纹方向细刨一遍，然后磨光，待室内装饰施工完毕后再进行油漆并上蜡。

2. 黏结式

黏结式木地板面层，多用实铺式，将加工好的硬木地板块材用黏结材料直接粘贴在楼地面基层上。

拼花木地板粘贴前，应根据设计图案和尺寸进行弹线。对成块制作好的木地板块材，应按所弹施工线试铺，以检查其拼缝高低、平整度、对缝等。符合要求后进行编号，施工时按编号从房中间向四周铺贴。

目前，可用于粘贴木地板的胶黏剂较多，可根据实际需要选择，如专用的木地板胶水、万能胶、白乳胶等。

地板粘贴后应自然养护，养护期内严禁上人走动。养护期满后，即可进行刮平、磨光、油漆和打蜡工作。

（三）木踢脚板的施工

木地板房间的四周墙脚处应设木踢脚板，踢脚板一般高100～200mm（常用150mm），厚20～25mm。所用木板一般也应与木地板面层所用的材质品种相同。踢脚板应预先刨光，上口刨成线条。为防止翘曲，在靠墙的一面应开成凹槽。当踢脚板高100mm时开一条凹槽，高150mm时开两条凹槽，超过150mm时开3条凹槽，凹槽深度为3～5mm。为了防潮通风，木踢脚板每隔1～1.5m设一组通风孔，一般采用ф6孔。在墙内每隔400mm砌入防腐木砖。在防腐木砖上钉防腐木垫块。一般木踢脚板与地面转角处安装木压条或安装圆角成品木条。

木踢脚板应在木地板刨光后安装。木踢脚板接缝处应做暗榫或斜坡压槎，在90°转角处可做成45°斜角接缝。接缝一定要在防腐木块上。

安装时木踢脚板与立墙贴紧，上口要平直，用明钉钉牢在防腐木块上，钉帽要砸扁并冲入板内2～3mm。

（四）木质地面面层的允许偏差和检验方法

竹、木质地面面层的允许偏差和检验方法见表3-5。

表3-5　竹、木质地面面层的允许偏差和检验方法

项次	项目	允许偏差(mm)				检验方法
		实木地板、实木集成地板、竹地板面层			浸渍纸层压木质地板、实木复合地板、软木类地板	
		松木地板	硬木地板	拼花地板		
1	板面缝隙宽度	1.0	0.5	0.2	0.5	用钢尺检查
2	表面平整度	3.0	2.0	2.0	2.0	用2m靠尺和塞尺检查
3	踢脚线上口平齐	3.0	3.0	3.0	3.0	5m线，不足5m拉通线用钢尺检查
4	板面拼缝平直	3.0	3.0	3.0	3.0	
5	相邻板材高差	0.5	0.5	0.5	0.5	用钢尺和塞尺检查
6	踢脚线与面层的接缝	1.0				用塞尺检查

第四节 吊顶和隔墙工程施工

一、吊顶工程施工

吊顶采用悬吊方式将装饰顶棚支承于屋顶或楼板下面。

（一）吊顶的构造组成

吊顶主要由支承、基层和面层3个部分组成。

1. 支承

支承由吊杆（吊筋）和主龙骨组成。

木龙骨吊顶的支承。木龙骨吊顶的主龙骨又称为大龙骨或主梁，传统木质吊顶的主龙骨，多采用50mm×70mm～60mm×100mm方木或薄壁槽钢、L60×6～L70×7角钢制作。龙骨间距按设计，如设计无要求，一般按1m设置。主龙骨一般用 ф8～10mm的吊顶螺栓或8号镀锌钢丝与屋顶或楼板连接。木吊杆和木龙骨必须做防腐和防火处理。

金属龙骨吊顶的支承。轻钢龙骨与铝合金龙骨吊顶的主龙骨截面尺寸取决于荷载大小，其间距尺寸应考虑次龙骨的跨度及施工条件，一般采用1～1.5m。其截面形状较多，主要有U形、T形、C形、L形等。主龙骨与屋顶结构楼板结构多通过吊杆连接，吊杆与主龙骨用特制的吊杆件或套件连接。金属吊杆和龙骨应做防锈处理。

2. 基层

基层用木材、型钢或其他轻金属材料制成的次龙骨组成。吊顶面层所用材料不同，其基层部分的布置方式和次龙骨的间距大小也不一样，但一般不应超过600mm。

吊顶的基层要结合灯具位置、风扇或空调透风口位置等布置，留好预留洞穴及吊挂设施等，同时应配合管道、线路等安装工程施工。

3. 面层

木龙骨吊顶，其面层多用人造板（如胶合板、纤维板、木丝板、刨花板）面层或板条（金属网）抹灰面层。轻钢龙骨、铝合金龙骨吊顶，其面板多用装饰吸声板制作，如纸面石膏板、钙塑泡沫板、纤维板、矿棉板、玻璃丝棉板等。[①]

（二）吊顶施工工艺

1. 木质吊顶施工

弹水平线。首先将楼地面基准线弹在墙上，并以此为起点，弹出吊顶高度水平线。

主龙骨的安装。主龙骨与屋顶结构或楼板结构连接主要有3种方式：用屋面结构或楼板内预埋铁件固定吊杆；用射钉将角铁等固定于楼底面固定吊杆；用金属膨胀螺栓固定铁件再与吊杆连接。

主龙骨安装后，沿吊顶标高线固定沿墙木龙骨，木龙骨的底边与吊顶标高线齐平。一般是用冲击电钻在标高线以上10mm处墙面打孔，孔内塞入木楔，将沿墙龙骨钉固于墙内木楔上。然后将拼接组合好的木龙骨架托到吊顶标高位置，整片调正调平后，将其与沿墙龙骨和吊杆连接。

罩面板的铺钉。罩面板多采用人造板，应按设计要求切成正方形、长方形等。板材安装前，按分块尺寸弹线，安装时由中间向四周呈对称排列，顶棚的接缝与墙面交圈应保持一致。面板应安装牢固且不得出现折裂、翘曲、缺棱掉角和脱层等缺陷。

2. 轻金属龙骨吊顶施工

轻金属龙骨按材料分为轻钢龙骨和铝合金龙骨。

(1) 轻钢龙骨装配式吊顶施工

利用薄壁镀锌钢板带经机械冲压而成的轻钢龙骨为吊顶的骨架型材。轻钢吊顶龙骨有U形和T形两种。施工前，先按龙骨的标高在房间四周的墙上弹出水平线，再根据龙骨的要求按一定间距弹出龙骨的中心线，找出吊点中心，将吊杆固定在埋件上。吊顶结构未设埋件时，要按确定的节点中心用射钉固定螺钉或吊杆，吊杆长度计算好后，在一端套丝。丝口的长度要考虑紧固的余量，并分别配好紧固用的螺母。主龙骨的吊顶挂件连在吊杆上校平调正后，拧紧固定螺母，然后根据设计和饰面板尺寸要求确定间距，用吊挂件将次龙骨固定在主龙骨上，调平调正后再安装饰面板。

---

①高秉翠．建筑室内吊顶施工及注意事项[J]．中国建筑装饰装修，2022（8）：101-103.

(2) 铝合金龙骨装配式吊顶施工

铝合金龙骨吊顶按罩面板的要求不同，分为龙骨底面不外露和龙骨底面外露两种形式；按龙骨结构型式不同，分为T形和TL形。TL形龙骨安装饰面板后龙骨底面外露。铝合金吊顶龙骨的安装方法与轻钢龙骨吊顶基本相同。

(3) 常见饰面板的安装

铝合金龙骨吊顶与轻钢龙骨吊顶饰面板安装方法基本相同。石膏饰面板的安装可采用钉固法、粘贴法和暗式企口胶接法。U形轻钢龙骨采用钉固法安装石膏板时，使用镀锌自攻螺钉与龙骨固定。钉头要求嵌入石膏板内0.5～1mm，钉眼用腻子刮平，并用石膏板与同色的色浆腻子涂刷一遍。螺钉规格为M5×25或M5×35。螺钉与板边距离应不大于15mm，螺钉间距以150～170mm为宜，均匀布置，并与板面垂直。石膏板之间应留出8～10mm的安装缝。待石膏板全部固定好后，用塑料压缝条或铝压缝条压缝。

钙塑泡沫板的主要安装方法有钉固和粘贴两种。钉固法即用圆钉或木螺钉，将面板钉在顶棚的龙骨上，要求钉距不大于150mm。钉帽应与板面齐平，排列整齐，并用与板面颜色相同的涂料装饰。钙塑泡沫板的交角处，用木螺钉将塑料小花固定，并在小花之间沿板边按等距离加钉固定。用压条固定时，压条应平直，接口严密，不得翘曲。钙塑泡沫板用粘贴法安装时，胶黏剂可用401胶或氧丁胶浆聚异氰酸酯胶（10∶1）涂胶后应待稍干，方可把板材粘贴压紧。

胶合板、纤维板安装应用钉固法。要求胶合板钉距80～150mm，钉长25～35mm，钉帽应打扁，并进入板面0.5～1mm，钉眼用油性腻子抹平；纤维板钉距80～120mm，钉长20～30mm，钉帽进入板面0.5mm，钉眼用油性腻子抹平；硬质纤维板应用水浸透，自然阴干后安装。

矿棉板安装的方法主要有搁置法、钉固法和粘贴法。顶棚为轻金属T形龙骨吊顶时，在顶棚龙骨安装放平后，将矿棉板直接平放在龙骨上，矿棉板每边应留有板材安装缝，缝宽不宜大于1mm。顶棚为木龙骨吊顶时，可在矿棉板每四块的交角处和板的中心用专门的塑料花托脚，用木螺钉固定在木龙骨上；混凝土顶面可按装饰尺寸做出平顶木条，然后再选用适宜的胶黏剂将矿棉板粘贴在平顶木条上。

金属饰面板主要有金属条板、金属方板和金属格栅，安装方法有卡固法和钉固法。卡固法要求龙骨形式与条板配套；钉固法采用螺钉固定时，后安装的板块压住先安装的板块，将螺钉遮盖，拼缝严密。方形板既可用搁置法和钉固法，也可用铜丝绑扎固定。

格栅安装方法有两种：一种是将单体构件先用卡具连成整体，然后通过钢管与吊杆相连接；另一种是用带卡口的吊管将单体物体卡住，然后将吊管用吊杆悬吊。金属板吊顶与四周墙面空隙，应用同材质的金属压缝条找齐。

（三）吊顶工程施工质量要求

吊顶工程所用的材料品种、规格、颜色以及基层构造、固定方法等应符合设计要求。罩面板与龙骨应连接紧密，表面应平整，不得有污染、折裂、缺棱掉角、锤伤等缺陷，接缝应均匀一致。粘贴的罩面不得有脱层，胶合板不得有刨透之处，搁置的罩面板不得有漏、透、翘角现象。

二、隔墙工程施工

（一）隔墙的构造类型

隔墙依其构造方式，可分为砌块式、骨架式和板材式。砌块式隔墙构造方式与黏土砖墙相似，装饰工程中主要为骨架式和板材式隔墙。骨架式隔墙中骨架多为木材或型钢（轻钢龙骨、铝合金骨架），其饰面板多用纸面石膏板、人造板（如胶合板、纤维板、木丝板、刨花板、水泥纤维板）。板材式隔墙采用高度等于室内净高的条形板材进行拼装，常用的板材有复合轻质墙板、石膏空心条板、预制或现制钢丝网水泥板等。

（二）轻钢龙骨纸面石膏板隔墙施工

轻钢龙骨纸面石膏板墙体具有施工速度快、成本低、劳动强度小、装饰美观以及防火、隔音性能好等特点。因此其应用广泛，具有代表性。

用于该类隔墙的轻钢龙骨有C50、C75、C100三种系列。各系列轻钢龙骨由沿顶龙骨、沿地龙骨、竖向龙骨、加强龙骨和横撑龙骨以及配件组成。

轻钢龙骨墙体的施工操作工序：弹线→固定沿地、沿顶和沿墙龙骨→龙骨架装配及校正→石膏板固定→饰面处理。

弹线。根据设计要求确定隔墙、隔墙门窗的位置，包括地面位置、墙面位置、高度位置以及隔墙的宽度。同时，在地面和墙面上弹出隔墙的宽度线和中心线，按所需龙骨的长度尺寸，对龙骨进行画线配料。按先配长料，后配短料的原则进行。量好尺寸后，用粉饼或记号笔在龙骨上画出切截位置线。

固定沿地、沿顶龙骨前，将固定点与竖向龙骨位置错开，用膨胀螺栓和木楔钉、铁钉与结构固定或直接与结构预埋件连接。

骨架连接。按设计要求和石膏板尺寸，进行骨架分格设置，然后将预选切裁好的竖向龙骨装入沿地、沿顶龙骨内，校正其垂直度后，将竖向龙骨与沿地、沿顶龙骨固定起来。固定方法用点焊或者用连接件与自攻螺钉固定。

石膏板固定。固定石膏板用平头自攻螺钉，其规格通常为M4×25或M5×25两种，螺钉间距在200mm左右。安装时，将石膏板竖向放置，贴在龙骨上用电钻同时把板材与龙骨一起打孔，再拧上自攻螺钉。螺钉要沉入板材平面2~3mm。

石膏板之间的接缝有明缝和暗缝两种做法。明缝是用专门工具和砂浆胶合剂勾成立缝。明缝如果加嵌压条，装饰效果较好。暗缝的做法首先要求石膏板有斜角，在两块石膏板拼缝处用嵌缝石膏腻子嵌平，然后贴上50mm的穿孔纸带，再用腻子补一道，与墙面刮平。

饰面待嵌缝腻子完全干燥后，即可在石膏板隔墙表面裱糊墙纸、织物或进行涂料施工。

（三）铝合金隔墙施工

铝合金隔墙是用铝合金型材组成框架，再配以玻璃等其他材料装配而成。其主要施工工序为：弹线→下料→组装框架→安装玻璃。

弹线。根据设计要求确定隔墙在室内的具体位置、墙高以及竖向型材的间隔位置等。

画线。在平整干净的平台上，用钢尺和钢划针对型材画线，要求长度误差±0.5mm，同时不要碰伤型材表面。下料时先长后短，并将竖向型材与横向型材分开。沿顶、沿地型材要画出与竖向型材的各连接位置线。画连接位置线时，必须画出连接部位的宽度。

铝合金隔墙的安装和固定。半高铝合金隔墙通常先在地面组装好框架后再竖立起来固定；全封铝合金隔墙通常是先固定竖向型材，再安装横档型材来组装框架。铝合金型材相互连接主要用铝角和自攻螺钉，它与地面、墙面的连接主要用铁脚固定法。

玻璃安装。先按框洞尺寸缩小3~5mm裁好玻璃，将玻璃就位后，用与型材同色的铝合金槽条，在玻璃两侧夹定，校正后将槽条用自攻螺钉与型材固定。安装活动窗口上的玻璃，应与制作铝合金活动窗口同时安装。

（四）隔墙的质量要求

隔墙所用材料的品种、规格、性能、颜色等应符合设计要求。有隔音、隔热、阻燃、防潮等特殊要求的工程，板材应有相应性能等级的检测报告。

板材隔墙安装所需预埋件、连接件的位置、数量及连接方法应符合设计要求，与周边墙体连接应牢固。隔墙骨架与基体结构连接牢固，且应平整、垂直、位置正确。

隔墙板材安装应垂直、平整、位置正确，板材不应有裂缝或缺损；墙体表面应平整、接缝密实、光滑、无凸凹现象、无裂缝。

隔墙上的孔洞、槽、盒应位置正确、套割方正、边缘整齐。

第五节 涂料及刷浆工程施工

一、涂料工程施工

涂料涂刷于建筑物表面并与基体材料很好地黏结，干结成膜后，既对建筑物表面起到一定的保护作用，又能起到建筑装饰的效果。

涂料主要由胶黏剂、颜料、溶剂和辅助材料等组成。涂料的品种繁多，按装饰部位不同，有内墙涂料、外墙涂料、顶棚涂料、地面涂料；按成膜物质不同，有油性涂料（也称油漆）、有机高分子涂料、无机高分子涂料、有机无机复合涂料；按涂料分散介质不同，有溶剂型涂料、水性涂料、乳液型涂料（乳胶漆）。

（一）基层处理

混凝土和抹灰表面。基层表面必须坚实，无酥板、脱层、起砂、粉化等现象，否则应铲除。基层表面要求平整，如有孔洞、裂缝，须用同种涂料配制的腻子批嵌，除去表面的油污、灰尘、泥土等，清洗干净。对施涂溶剂型涂料的基层，其含水率应控制在8%以内；对施涂乳液型涂料的基层，其含水率应控制在10%以内。

木材基层表面。应先将木材表面上的灰尘、污垢清除，并把木材表面的缝隙、毛刺等用腻子填补磨光，木材基层的含水率不得大于12%。

金属基层表面。将灰尘、油渍、锈斑、焊渣、毛刺等清除干净。

（二）涂料施工

涂料施工主要操作方法有刷涂、滚涂、喷涂、刮涂、弹涂、抹涂等。

1. 刷涂

刷涂是人工用刷子蘸上涂料直接涂刷于被饰涂面，要求不流、不挂、不皱、不漏、不露刷痕。刷涂一般不少于两道，应在前一道涂料表面干后再涂刷下一道。两道施涂间隔时间由涂料品种和涂刷厚度确定，一般为2～4h。

2. 滚涂

滚涂是利用涂料辊子蘸上少量涂料，在基层表面上下垂直来回滚动施涂。阴角及上下口一般需先用排笔、鬃刷刷涂。

3. 喷涂

喷涂是一种利用压缩空气将涂料制成雾状（或粒状）喷出，涂于被饰涂面的机械施工方法。其操作过程如下：①将涂料调至施工所需黏度，装入贮料罐或压力供料筒中。②打开空压机，调节空气压力，使其达到施工压力，一般为0.4～0.8MPa。③喷涂时，手要握稳喷枪，涂料出口与被涂面保持垂直，喷枪移动时应与喷涂面保持平行。喷距以500mm左右为宜，喷枪运行速度应保持一致。④喷枪移动的范围不宜过大，一般直接喷涂700～800mm后折回，再喷涂下一行，也可选择横向或竖向往返喷涂。⑤涂层一般两遍成活，横向喷涂一遍，竖向再涂一遍。两遍之间的间隔时间由涂料品种及喷涂厚度而定，要求涂膜应厚薄均匀、颜色一致、平整光滑，不出现露底、皱纹、流挂、钉孔、气泡和失光现象。①

4. 刮涂

刮涂是利用刮板，将涂料厚浆均匀地批刮于涂面上，形成厚度为1～2mm的厚涂层。这种施工方法多用于地面等较厚层涂料的施涂。刮涂施工的

①孙亨杰．控制建筑外墙涂料工程质量的重要性与措施分析[J]．工程与建设，2022，36（4）：1150-1152.

方法如下：①腻子一次刮涂厚度一般不应超过0.5mm，孔眼较大的物面应将腻子填嵌实，并高出物面，待干透后再进行打磨。待批刮腻子或者厚浆涂料全部干燥后，再涂刷面层涂料。②刮涂时，应用力按刀，使刮刀与饰面成50°～60°角刮涂；只能来回刮1～2次，不能往返多次刮涂。③遇有圆、棱形物面可用橡皮刮刀进行刮涂。刮涂地面施工时，为了增加涂料的装饰效果，可用划刀或记号笔刻出席纹、仿木纹等各种图案。

5. 弹涂

先在基层刷涂1～2道底涂层，待其干燥后通过机械的方法将色浆均匀地喷在墙面上，形成1～3mm的圆状色点。弹涂时，弹涂器的喷出口应垂直正对被饰面，距离300～500mm，按一定速度自上而下，由左至右弹涂。选用压花型弹涂时，应适时将彩点压平。

6. 抹涂

先在基层刷涂或滚涂1～2道底涂料，待其干燥后，使用不锈钢抹灰工具将饰面涂料抹到底层涂料上。一般抹1～2遍，间隔1h再用不锈钢抹子压平。涂抹厚度内墙为1.5～2mm，外墙为2～3mm。

在工厂制作组装的钢木制品和金属构件，其涂料宜在生产制作阶段施工，最后一遍安装后在现场施涂。现场制作的构件，组装前应先施涂一遍底子油（甘油性且防锈的涂料），安装后再施涂。

（三）喷塑涂料施工

1. 喷塑涂料的涂层结构

按喷塑涂料层次的作用不同，其涂层构造可分为封底涂料、主层涂料、罩面涂料。按使用材料不同，可分为底油、骨架和面油。喷塑涂料质感丰富、立体感强，具有乳雕饰面的效果。

底油。涂布在基层上的涂层。它的作用是渗透到基层内部，增强基层的强度，同时又对基层表面进行封闭，并消除基层表面有损于涂层附着的杂质，增加骨架涂料与基层之间的结合力。作为封底涂料，可以防止硬化后的水泥砂浆抹灰层可溶性盐渗出而破坏面层。

骨架。喷塑涂料特有的一层成型层，是喷塑涂料的主要构成部分。使用特制大口径喷枪或喷斗，喷涂在底油之上，再经过滚压，即形成质感丰富、新颖美观的立体花纹图案。

面油。喷塑涂料的表面层。面油内加入各种耐晒彩色颜料，使喷塑涂层具有理想的色彩和光感。面油分为水性和油性水性，水性面油无光泽，油性面油有光泽，但目前大都采用水性面油。

2. 喷塑涂料施工

喷塑涂料施工程序。刷底油→喷点料（骨架材料）→滚压点料→喷涂或刷涂面层。底油的涂刷用漆刷进行，要求涂刷均匀不漏刷。

喷点施工的主要工具是喷枪，喷嘴有大、中、小3种，分别可喷出大点、中点和小点。施工时，可按饰面要求选择不同的喷嘴。喷点操作的移动速度要均匀，其行走路线可根据施工需要由上向下或左右移动。喷枪在正常情况下其喷嘴距墙50～60cm为宜。喷头与墙面呈60°～90°角，空压机压力为0.5MPa。如果喷涂顶棚，可采用顶棚喷涂专用喷嘴。

（四）多彩喷涂施工

多彩喷涂具有色彩丰富、技术性能好、施工方便、维修简单、防火性能好、使用寿命长等特点，因此运用广泛。

多彩喷涂的工艺可按底涂、中涂、面涂的顺序进行。

底涂。底层涂料的主要作用是封闭基层，提高涂膜的耐久性和装饰效果。底层涂料为溶剂性涂料，可用刷涂、滚涂或喷涂的方法进行操作。

中涂。中层为水性涂料，涂刷1～2遍，可用刷涂、滚涂及喷涂施工。

面涂（多彩）喷涂。中层涂料干燥4～8h后开始施工。操作时，可采用专用的内压式喷枪，喷涂压力0.15～0.25MPa，喷嘴距墙300～400mm，一般一遍成活；若涂层不均匀，应在4h内进行局部补喷。

（五）聚氨酯仿瓷涂料层施工

这种涂料是以聚氨酯—丙烯酸树脂溶液为基料，加入优质大白粉、助剂等配制而成的双组分固化型涂料。涂膜外观为瓷质状，其耐沾污性、耐水性及耐候性等性能均较优异。可以涂刷在木质、水泥砂浆及混凝土饰面上，具有优良的装饰效果。

聚氨酯仿瓷复层涂料一般分为底涂、中涂和面涂3层，其操作要点如下：①基层表面应平整、坚实、干燥、洁净，表面的蜂窝、麻面和裂缝等缺陷应采用相应的腻子嵌平。金属材料表面应除锈，有油渍斑污者，可用汽油、二甲苯等溶剂清理。②底涂施工。底涂施工可采用刷涂、滚涂、喷涂等方法进行。③中涂施工。中涂一般均要求采用喷涂，喷涂压力依照材料使用说明，喷嘴口径一般为 ф4。根据不同品种，将其甲乙组分进行混合调制或直接采用配套中层涂料均匀喷涂。如果涂料太稠，可加入配套溶液或醋酸丁酯进行稀释。④面涂施工。面涂可用喷涂、滚涂或刷涂方法施工，涂层施工的间隔时间一般在2~4h。聚氨酯仿瓷涂料施工要求环境温度不低于5℃，相对湿度不大于85%，面涂完成后保养3~5d。

（六）质量要求

涂料工程应待涂层完全干燥后，方可进行验收。验收时，应检查所用的材料品种、型号和性能应符合设计要求；施工后的颜色、图案应符合设计要求；涂料在基层上涂饰应均匀、黏结牢固，不得漏涂、透底、起皮和反锈。

（七）涂料工程的安全技术

安全技术包括：①涂料材料和所用设备，必须有经过安全教育的专人保管，设置专用库房，各类储油原料的桶必须封盖。②涂料库房与建筑物必须保持一定的安全距离，一般在2m以上。库房内严禁烟火，且有足够的消防器材。③施工现场必须具有良好的通风条件。通风不良时须安置通风设备，喷涂现场的照明灯应加保护罩。④使用喷灯时，加油不得过满，打气不能过足，使用时间不宜过长，点火时火嘴不准对人。⑤使用溶剂时应做好眼睛、皮肤等的防护，并防止中毒。

二、刷浆工程施工

（一）刷浆材料

刷浆所用材料主要指石灰浆、水泥色浆、大白浆和可赛银浆等。石灰浆和水泥色浆可用于室内外墙面，大白浆和可赛银浆只用于室内墙面。

石灰浆是用生石灰块或淋好的石灰膏加水调制而成，可在石灰浆内加0.3%~0.5%的食盐或明矾，或20%~30%的108胶，目的在于提高其附着力。如需配色浆，应先将颜料用水化开，再加入石灰浆内拌匀。

水泥色浆由于素水泥浆易粉化、脱落，一般采用聚合物水泥浆。其组成材料有白水泥、高分子材料、颜料、分散剂和憎水剂。高分子材料采用108胶时，一般为水泥用量的20%。分散剂一般采用六偏磷酸钠，掺量约为水泥用量的1%，或木质素磺酸钙，掺量约为水泥用量的0.3%。憎水剂常用甲基硅醇钠。

大白浆由大白粉加水及适量胶结材料制成，加入颜料，可制成各种色浆。胶结材料常用108胶（掺入量为大白粉的15%～20%）或聚醋酸乙烯液（掺入量为大白粉的8%～10%）。大白浆适于喷涂和刷涂。

可赛银浆是由可赛银粉加水调制而成。可赛银粉由碳酸钙、滑石粉和颜料研磨，再加入干酪素胶粉等混合配制而成。

（二）施工工艺

基层处理和刮腻子刷浆前应清理基层表面的灰尘、污垢、油渍和砂浆流痕等。在基层表面的孔眼、缝隙、凹凸不平处应用腻子找补并打磨齐平。

对室内中、高级刷浆工程，在局部找补腻子后，应满刮1～2道腻子，干后用砂纸打磨表面。大白浆和可赛银粉要求墙面干燥，为增加大白浆的附着力，在抹灰面未干前应先刷一道石灰浆。

刷浆一般用刷涂法、滚涂法和喷涂法施工，其施工要点同涂料工程的涂饰施工。聚合物水泥浆刷浆前，应先用乳胶水溶液或聚乙烯醇缩甲醛胶水溶液湿润基层。

室外刷浆在分段进行时，应以分格缝、墙角或水落管等处为分界线。同一墙面应用相同的材料和配合比，浆料必须搅拌均匀。

第六节 门窗工程施工

门窗按材料分为木门窗、钢门窗、铝合金门窗和塑料门窗4大类。木门窗应用最早且最普遍，但越来越多地被钢门窗、铝合金门窗和塑料门窗所代替。

一、钢门窗施工

建筑中应用较多的钢门窗有薄壁空腹钢门窗和实腹钢门窗。钢门窗在工厂加工制作后，整体运到现场进行安装。

钢门窗现场安装前，应按照设计要求，核对型号、规格、数量、开启方向及所带五金零件是否齐全，凡有翘曲、变形者，应调直修复后方可安装。

钢门窗采用后塞口方法安装，可在洞口四周墙体预留孔埋设铁脚连接件固定；或在结构内预埋铁件，安装时将铁脚焊在预埋件上。

钢门窗制作时将框与扇连成一体，安装时用木楔临时固定，然后，用线锤和水准尺校正垂直与水平，做到横平竖直，成排门窗应上、下高低一致，进出一致。

门窗位置确定后，将铁脚与预埋件焊接或埋入预留墙洞内，用1：2水泥砂浆或细石混凝土将洞口缝隙填实。铁脚尺寸及间隙按设计要求留设，但每边不得少于2个，铁脚离端角距离约180mm。

大面组合钢窗可在地面上先拼装好，为防止吊运过程中变形，可在钢窗外侧用木方或钢管加固。①

砌墙时，门窗洞口应比钢门窗框每边扩大15～30mm，作为嵌填砂浆的留量。其中，清水砖墙不小于15mm；水泥砂浆抹面混水墙不小于20mm；水刷石墙不小于25mm；贴面砖或板材墙不小于30mm。

玻璃安装时，应清理槽口，先在槽口内涂小于4mm厚的底灰，用双手将玻璃揉平放正，挤出油灰，然后将油灰与槽口、玻璃接触的边缘刮平、刮齐。安装卡子间距不小于300mm，且每边不少于2个，卡脚长短适当，用油灰填实抹光，卡脚以不露出油灰表面为准。

二、铝合金门窗施工

铝合金门窗是用经过表面处理的型材，通过下料、打孔、铣槽、攻丝和制窗等加工过程而制成的门窗框料构件，再与连接件、密封件和五金配件一起组装而成。

（一）弹线

弹线时应注意以下几点：①同一立面的门窗在水平与垂直方向应做到整齐一致。安装前，应先检查预留洞口的偏差。对尺寸偏差较大的部位，应进行剔凿或填补处理。②在洞口弹出门、窗位置线。安装前，一般是将门窗立于墙体中心线部位，也可将门窗立在内侧。③门的安装，须注意室内地面的

①栗国斌．建筑工程中门窗施工技术的思考[J]．门窗，2016（9）：27-28.

标高。地弹簧的表面标高，应与室内地面饰面的标高一致。

（二）门窗框就位和固定

按弹线确定的位置将门窗框就位，先用木楔临时固定，待检查立面垂直、左右间隙、上下位置等符合要求后，用射钉将铝合金门窗框上的铁脚与结构固定。

（三）填缝

铝合金门窗安装固定后，应按设计要求及时处理窗框与墙体的缝隙。若设计未规定具体堵塞材料时，应采用矿棉或玻璃棉毡分层填塞缝隙，外表面留5～8mm深槽口，槽内填嵌缝油膏或在门窗两侧做防腐处理后填1：2水泥砂浆。

（四）门窗扇安装

门窗扇的安装，需在土建施工基本完成后进行，框装上扇后应保证框扇的立面在同一平面内，窗扇就位准确，启闭灵活。平开窗的窗扇安装前应先固定窗，然后再将窗扇与窗铰固定在一起；推拉式门窗扇，应先装室内侧门窗扇，后装室外侧门窗扇；固定扇应装在室外侧，并固定牢固，确保使用安全。

（五）安装玻璃

平开窗的小块玻璃用双手操作就位。若单块玻璃尺寸较大，可使用玻璃吸盘就位。玻璃就位后，即以橡胶条固定。型材凹槽内装饰玻璃，可用橡胶条挤紧，然后再在橡胶条上注入密封胶；也可以直接用橡胶衬条封缝、挤紧，表面不再注胶。

为防止因玻璃的胀缩而造成型材的变形，型材下凹槽内可先放置橡胶垫块，以免因玻璃自重而直接落在金属表面上，并且要使玻璃的侧边及上部不得与框、扇及连接件相接触。

（六）清理

铝合金门窗交工前，将型材表面的保护胶纸撕掉，如有胶迹，可用香蕉水清理干净。擦净玻璃。

三、塑料门窗施工

塑料门窗及其附件应符合国家标准，按设计选用。塑料门窗不得有开焊、断裂等损坏现象，如有损坏，应予以修复或更换。塑料门窗进场后，应存放在有靠架的室内并与热源隔开，以免受热变形。

塑料门窗在安装前，先装五金配件及固定件。由于塑料型材是中空多腔的，材质较脆，因此，不能用螺丝直接锤击拧入，应先用手电钻钻孔，后用自攻螺丝拧入。钻头直径应比所选用自攻螺钉直径小0.5～1.0mm，这样可以防止塑料门窗出现局部凹陷、断裂和螺钉松动等，保证零附件及固定件的安装质量。

与墙体连接的固定件应用螺钉等紧固于门窗框上。将五金配件及固定件安装完工并检查合格的塑料门窗框，放入洞口内，调整至横平竖直后，用木楔将塑料框料四角塞牢作临时固定，但不宜塞得过紧以免外框变形，然后，用尼龙胀管螺栓将固定件与墙体连接牢固。

塑料门窗框与洞口墙体的缝隙，用软质保温材料填充饱满，如泡沫塑料条、泡沫聚氨酯条、油毡卷条等。但不得填塞过紧，过紧会使框架受压发生变形；但也不能填塞过松，否则会使缝隙密封不严，在门窗周围形成冷热交换区发生结露现象，影响门窗防寒、防风的正常功能和墙体寿命。最后，将门窗框四周的内外接缝用密封材料嵌缝严密。

第七节 装饰装修工程冬期施工

装饰工程应尽量在冬期施工前完成，或推迟在初春化冻后进行。必须在冬期施工的工程，应按冬期施工的有关规定组织施工。室内抹灰、块料装饰施工与养护期间的温度不应低于5℃。

一、抹灰工程冬期施工

拌灰工程冬期常用施工方法一般有热作法和冷作法两种。

（一）热作法施工

热作法施工是利用房屋的永久热源或临时热源来提高和保持操作环境的温度，人为创造一个正温环境，使抹灰砂浆硬化和固结。热作法一般用于室内抹灰，常用的热源有火炉、蒸汽、远红外加热器等。

室内抹灰应在屋面已做好的情况下进行。抹灰前应将门、窗封闭，脚手眼堵好，对抹灰砌体提前进行加热，使墙面温度保持在5℃以上，以便湿润墙面不致结冰，使砂浆与墙面黏结牢固。冻结砌体应提前进行人工解冻，待解冻下沉完毕，砌体强度达设计强度的20%后方可抹灰。抹灰砂浆应在正温的室内或暖棚内制作，用热水搅拌。抹灰时，砂浆的上墙温度不低于10℃。抹灰结束后，至少7d内保持5℃的室温进行养护。在此期间，应随时检查抹灰层的湿度。干燥过快时，应洒水湿润，以防产生裂纹，影响与基层的黏结，防止脱落。

（二）冷作法施工

冷作法施工是低温条件下在砂浆中掺入一定量的防冻剂（氯化钠、氯化钙、亚硝酸钠等），在不采取采暖保温措施的情况下进行抹灰作业。冷作法适用于房屋装饰要求不高、小面积的外饰面工程。

冷作法抹灰前应对抹灰墙面进行清扫，墙面应保持干净，不得有浮土和冰霜，表面不洒水湿润；抗冻剂宜优先选用单掺氯化钠的方法，其次可用同时掺氯化钠和氯化钙的复盐方法或掺亚硝酸钠的方法。防冻剂应由专人配制和使用，配制时可先配制20%浓度的标准溶液，然后根据气温再配制成使用溶液。

掺氯盐的抹灰严禁用于高压电源的部位；做涂料墙面的抹灰砂浆中，不得掺入氯盐防冻剂。氯盐砂浆应在正温下拌制使用。拌制时，先将水泥和砂干拌均匀，然后加入氯盐水溶液拌和，水泥可用硅酸盐水泥或矿渣硅酸盐水泥，严禁使用高铝水泥。砂浆应随拌随用，不允许停放。①

气温低于 - 25℃时，不得用冷作法进行抹灰施工。

①翟峥．浅析建筑装饰装修工程施工技术及质量控制[J]．中国建筑装饰装修，2024(18)：162-164.

二、其他装饰工程冬期施工

冬期进行油漆、刷浆、饰面工程，应采用热作法施工，应尽量利用永久性的采暖设施。室内温度应在5℃以上，并保持均衡，不得突然变化。否则，不能保证工程质量。

冬期气温低，油漆会发黏不易涂刷，涂刷后漆膜不易干燥。为了便于施工，可在油漆中加一定量的催干剂，保证在24h内干燥。

室外刷浆应保持施工均衡，粉浆类料宜采用热水配制，随用随配，料浆使用温度宜保持15℃左右。施工中，室内温度高于20℃，且相对湿度大于80%时，应开窗换气，防止壁纸皱折起泡。玻璃工程冬期施工时，应将玻璃、镶嵌用合成橡胶等材料运到有采暖设备的室内，操作地点环境温度不应低于5℃。

外墙铝合金、塑料框、大扇玻璃不宜在冬期安装。

室内外装饰工程中，对新材料应按所用材料的产品说明要求的温度进行施工。

第四章 建筑节能技术

第一节 节能材料的选择与使用

一、节能建筑材料的具体内容

节能建筑材料是指目前建筑工程中用于缓解环境压力、提升施工质量水平并对居民的生活环境有所改善的施工材料。使用节能建筑材料是顺应时代潮流、响应国家号召、符合生活理念的。而且，节能建筑材料具有节约施工成本、优化建筑过程、提升建筑质量的作用，是一种将会在未来建筑中广泛运用的墙体材料。在选取节能建筑材料的过程中，应尽量选取绿色环保的材料，并且以废物利用为主，优先使用工业废料。

在当今时代，建筑节能已刻不容缓，它真真切切地影响到了每一个个体，也实实在在地受到每一个个体的影响。随着经济发展水平和建筑质量的不断提高，节能建筑材料的使用问题就变得尤为引人注目。如何选材，如何应用，都是建筑施工者需要进行认真考量的问题。而节能材料的使用，也必将成为未来建筑工程中的“主旋律”，值得大家重视。

二、节能建筑材料的使用原则

节能建筑材料是一种可以降低建筑能耗的材料，主要包括：安装了中空镀膜玻璃的塑钢节能窗，其功能有防御紫外线、隔绝室外噪声、阻止冬季室内热量散失等；外墙保温系统材料，用于减少建筑内能源消耗和杜绝热岛效应；室内墙砖贴面采用环保材料，用于避免污染，减少室内制冷、取暖能量流失。使用这些节能建筑材料的建筑，可以达到“冬暖夏凉”的效果，对居民来说既能达到节能的效果，又能产生舒适的感觉。在当今时代，能源可以说是非常匮乏的，故而节能建筑材料的推广是具有重要现实意义的。在节能建筑材料的使用中，应遵循以下原则。

（一）重视无危害、节能原则

现如今环境污染问题频发，而建筑材料也是造成这些问题的元凶之一。因此在节能建筑材料的使用中，其材料的特点一定要是无危害的，不能含有任何对人体可能产生不利影响的因素。另外，节能建筑材料一定要名副其实，符合“节能”这一特性。因此，施工方在节能建筑材料的选取上，应尽可能避免选用劣质的材料，不能为了降低材料采购成本而牺牲其正常功能。①

（二）重视生态发展原则

在日常的建筑工程中，施工方对节能建筑材料的使用应遵循生态发展的原则。故而，施工方在节能建筑材料的选取上，应重视采用可再生的材料，这样可以对自然资源的利用做好节约与平衡。

（三）遵循经济、美观原则

对于施工方而言，节能建筑材料的使用要注重经济方面，也就是采购价的问题，毕竟建筑成本是大多数时候施工方主要考量的因素。对此，施工方在实际建筑过程中需要杜绝铺张浪费的现象，在满足其美观度的情况下最大化地节约好成本，以提高节能建筑材料的使用效率。

（四）重视本地化材料采买原则

建筑材料的购买成本是包含运输成本这一项的，并且运输线路越长，运输成本越大。然而这一项成本是可以轻松减少的。对于节能建筑材料的采购，施工方应尽量在本地市场进行选取，除非当地实在缺少某种建筑材料，才考虑从外地采购。这样的采购措施既能刺激当地的经济发展，又能减少大量的运输成本，堪称一举两得。

（五）坚持整体性设计原则

在建筑工程施工过程中，节能建筑材料的使用不仅要实现绿色环保的基础属性，还要遵循建筑项目设计的整体布局要求。装饰材料要在绿色环保的基础上进行科学合理的布局搭配，要协调好每一个装饰物品的位置和功能，

①张硕．超高层建筑新材料的选择及其在节能设计中的应用[J]. 居舍，2023（14）：78-80.

要秉承整体性设计原则，提升室内空间的整体效果，满足建筑的整体设计需求。

（六）遵循因地制宜原则

节能建筑材料虽然具备无毒、无污染、绿色环保的巨大优势，但是在建筑工程中并不是所有的环节都使用节能建筑材料，节能建筑材料重复利用也会造成资源浪费。节能材料的应用主要是为了避免环境污染及能源浪费，应遵循因地制宜的原则，将其应用到采光较好或者空间相对较大的建筑环境中。

（七）掌握应用适当性原则

节能建筑材料除了可以实现生态保护和循环利用外，还可以实现装饰空间的协调性。因此，在建筑设计当中，并不是应用越多的节能建筑材料产生的效果就越好。在材料选择和应用过程中，建筑工程施工需要依照施工现场的实际环境和施工特点选择节能建筑材料，掌握应用适当性原则能够突出节能建筑材料的应用效果。

第二节 建筑给排水节能技术

一、建筑给排水简述

给排水工程一般指的是城市用水供给系统、排水系统（市政给排水和建筑给排水），简称给排水。

给排水设备被广泛应用于建筑工程中，如果数量大，瞬时给排水流量就会增大。如果给排水断层，势必会影响城市居民和工业用水的情况。因此，提高建筑给排水技术是非常重要的，这样才能从根本上保证建筑给排水的安全。尤其是高层住宅建筑排水线长，垂直管道流速较大，一旦出现水流量大的情况，就容易导致排水管道变形、水压力过大，容易破坏地漏水封，使得污水泄漏，不仅会对周围的环境造成不好的影响，还会对建筑造成一定的损害。因此，为了提高建筑结构的安全性，有必要建立科学、合理的给排水系统。

建筑给排水系统主要包括循环系统、排水系统和供水系统，贯穿于整个建筑结构内。循环系统主要采用一些技术方法降低水资源的浪费，进一步提高其利用率；排水系统主要用于处理生活中的各类污水；供水系统主要用于为生活和工作提供必要的日常用水。各系统之间相互合作，为人们的生活和工作提供良好的服务。

二、建筑给排水节能技术

在传统建筑中，水的供给和消耗是一种线性低效率的转换，即自来水—用户—污水排放，雨水—屋面—地面径流—排放。建筑节能设计可采用多种方式有效降低用水量，同时保持水体循环，而建筑排水经处理后可回用于生活杂用、绿地浇灌和景观水体补充等。建筑采用的节水与水资源利用技术有供水系统节水技术、中水处理与回用技术、雨水收集与利用技术及景观水体水质保障技术。

（一）供水系统节水技术

供水系统节水技术主要包括分质供水、限定出流水压力、降低无效冷水出流量、使用节水器具及节水灌溉技术等。运用这些技术能够实现20%～30%的节水效果。

（二）中水处理与回用技术

“中水”亦为再生水。通常人们把自来水叫作“上水”，把污水叫作“下水”，而再生水的水质介于上水和下水之间，故名“中水”。建筑的优质灰水通过灰水管道收集系统收集，经处理后所得到的中水可用于建筑、市政杂用水或景观水体补充等。同时，要保留传统污水排放管线，以用于排放不满足灰水收集条件及未经灰水管道收集系统收集的黑水。

（三）雨水收集与利用技术

雨水又可细分为路面雨水、绿地或铺地雨水及屋面雨水三个部分。

经分散处理后的雨水，污染物的浓度大大降低，水质也得到提升，仅需经过简易的集中处理即可利用。若建筑周边有景观水体（如人工湖），可充当再生水利用的调蓄体，将经分散处理后的雨水排入景观水体内，作为景观水体的环境景观补水。若建筑周边无景观水体，可利用地势较低的调节池收集经分散处理后的雨水，并作为中水补充水再生回用。除此之外，雨水渗透系统也是一种重要的雨水间接利用方式。

（四）景观水体水质保障技术

由于景观水与自然水体相比较，其自我净化能力差，污染物指数相对较高，因此有必要提高景观水质安全，以提升非传统水资源利用率和绿色建筑节水质量。

水是人们生活的重要资源之一，而建筑给排水建设是一项长期的工作，我们不仅要正视建筑给排水施工中出现的问题，还要根据目前的水资源现状及未来的发展方向，探索出新的建筑给排水施工技术，促进水资源的合理利用。

第三节 建筑围护结构节能技术

一、外窗的节能技术

外窗具有围护、采光、通风、保温隔热等多种功能，由外窗产生建筑能耗损失的原因主要包括两方面：一方面，外窗本来就是住宅围护结构的薄弱环节，有许多热量通过它散失到室外，若其热工性能不佳，将会造成能耗损失的增加；另一方面，太阳辐射基本都是透过外窗直接影响室内热环境的，而改变不利太阳辐射造成的影响就需要消耗额外的能源。

（一）外窗的节能技术措施

一般而言，提高门窗的节能性能，主要有三种技术措施：一是控制外窗的窗墙比，二是加强外窗的保温性能，三是改善外窗的隔热技术。

1. 控制外窗的窗墙比

窗墙比是指外窗洞口面积与房间立面单元面积（房间层高与开间定位线围成的面积）的比值。在保证日照、采光、通风、观景条件下，应尽量减少外窗洞口面积，合理控制窗墙比，一般北向不大于35%，南向不大于45%，东西向不大于20%。

近年来，我国房屋建筑普遍追求开大窗、多开窗，但由于外窗的保温隔热性能远差于外墙，窗口越大，由窗口处造成的热量流失也就越大，既不利于冬季保温，也不利于夏季隔热，加大了空调的能耗。因此，我们要严格按照要求控制建筑的窗墙面积比。

2. 加强外窗的保温性能

加强外窗的保温性能主要从两点出发：一是提高玻璃的保温性能，二是提高窗框的保温性能。提高玻璃的保温性能主要可从两方面入手：一是选择合理的玻璃材料；二是利用空气间层增加保温性能，利用空气导热系数小的特性选择带空气间层的双层玻璃可大大提高其热阻性能，或者在两层玻璃间填充导热系数更小的氩气、氮气等惰性气体，做成特殊的中空玻璃，将会获得较好的阻热效果。提高窗框的保温性能则是通过选用导热系数小的窗框材料，加强窗框的阻热性能。

3. 改善外窗的隔热技术

（1）玻璃隔热膜

有些办公建筑窗户的传热系数达标，保温性能较好，但是没有采取任何遮阳措施，因此我们可以在该类型的窗户上贴上一层隔热膜来降低太阳辐射透过率，如3M等高质量玻璃隔热膜，夏天室温较高时能够阻挡90%以上的紫外线、80%以上的红外线，但是对可见光的阻碍性较小，所以既不影响采光，又能够起到隔热节能的作用，从而提高窗户的节能率，达到能效提升的目的。另外，玻璃隔热膜在冬天也能够起到保温的作用，且拆除较为容易，施工难度较小，只需对窗户玻璃进行清洗，然后依照步骤进行开膜、放膜、刮水、裁边、再次刮水和收工检查即可。①

（2）固定遮阳

固定遮阳一般有三种形式，根据窗的朝向不同，选用的方式也不尽相同。一般水平式遮阳适用于建筑南边的窗户，垂直式遮阳适用于建筑北边的窗户，挡板式遮阳适用于建筑东边和西边的窗户。

（3）活动遮阳

我国广泛应用的活动遮阳方法为活动的百叶遮阳，一般分为横百叶挡板和竖百叶挡板两种形式，可以手动或者电动控制百叶的开合角度大小，从而在不同的时间不同室外环境下能够起到节能的作用。夏季可以通过调小百叶

①王栋，任兆胜. 建筑围护结构节能改造技术研究[J]. 砖瓦，2024（8）：83-85+88.

开张角度抵挡太阳的照晒，冬季则可以调大百叶开张角度提高采光和增加室内得到的太阳辐射量，从而减少采暖能耗。因此，活动遮阳相较于固定遮阳要灵活很多，节能效果更好。

（二）外窗的材料选择

一扇完整的窗户，包含窗框材料、玻璃材料两大类。下面将分别对这两类材料进行简单的分析。

1. 窗框材料的选择

以前木材是常见的窗框材料，具有优异的保温隔热性能，但在外部因素如受力、受潮、受热等影响下，易发生变形，导致气密性不良，同时其耐火性能差，因此，现今建筑的窗框以铝合金窗框为主。铝合金窗框具有轻质、耐用、美观的优点，但它的保温隔热性能差。铝合金窗框虽然各方面性能较好，但价格较高。塑钢窗框即在塑料窗框内部加入钢衬，其气密性、水密性、保温隔热性均优于铝合金窗框，耐久性也较铝合金窗框强。

2. 玻璃材料的选择

外窗玻璃占整个窗户的面积比例最大，因此其传热系数对整窗的传热系数影响最大。一般而言，单片玻璃的传热系数太高；白玻中空玻璃的玻璃厚度均为5mm时，中间空气层厚度越大，其传热系数就越小。

（三）既有建筑外窗能效提升技术

1. 只换玻璃

部分建筑的窗户框架较为完整，能够更改为两层更为节能的玻璃，因此只需要更换玻璃。一般将玻璃改为能遮挡太阳辐射的镀膜玻璃或者现在较为常见的两层中空玻璃。

2. 窗框与玻璃全换

部分建造时间较长的建筑，其窗户由于框架结构较差或有较大的损坏无法满足只更换玻璃来达到能效提升的目的，所以必须将玻璃和窗框一起更换。首先，从窗户框架开始，可以选择类似于断热铝合金、塑料PVC材质这样的传热系数较低的材料作为窗框。其次，窗户玻璃应当选用保温性能较好的材料，如Low-E的双层中空玻璃材料。在考虑保温性能的同时，我们还不能忘了采光效果这一重点，若选用的材料不合适，则即使花费了人力物力也不一定能达到能效提升的目的。

3. 不拆窗直接加窗

部分建筑的窗户玻璃和窗户框架保存完好，然而传热系数等指标却达不到现在节能规范中的最低要求。这些窗户面积较大，窗台留有的纵深较长，如果我们破坏窗户或者整体拆掉窗户，付出的代价太大且影响办公建筑正常使用的时间太长。因此，可以在不拆除原来窗户结构的情况下加设一扇节能的窗户，以形成夹层，从而降低窗户的传热系数以达到节能的目的。因为有了之前窗户的隔热效果，所以在后续增添的节能窗户材料选择方面相对来说可以选择性价比较高的玻璃，有了前窗的保护和隔热，这种材质的内窗就能够和它一起实现很好的节能效果，从而节约大量资金投入。

4. 加强气密性

为了增强窗户的保温性能，除了选用达到节能标准的窗户玻璃和窗户框架结构外，还需严格地做好气密性检查，不能出现“漏风”等现象。因此我们应该检查既有办公建筑窗户的密封条，如有损坏，要及时更换。

二、屋顶的节能技术

一般来说，提高屋顶的热工性能，可以有效地提高其保温隔热能力，有效减少室内外的热量传递与损耗，减少能耗，同时也有利于改善建筑的室内热环境。提高屋顶的保温隔热性能，不但可以有效地减少室外冷、热空气热量相互传递，提高室内热环境质量，还可以减少空调供暖系统运行能耗。

（一）屋顶的节能技术类型

1. 平屋顶的节能技术

一般而言，平屋顶的节能形式有保温隔热屋面、倒置式屋面、架空通风屋面、种植屋面、蓄水屋面等形式。陕南农村地区砖混结构的屋面一般为平屋面上加盖坡屋面的构造形式，平屋面部分需要承担承重、储存等功能，因此架空通风屋面、种植屋面、蓄水屋面就不适合在陕南地区采用。现有的屋顶结构中，平屋顶普遍缺少保温层，因此，可以利用保温隔热屋面或倒置式屋面作为平屋顶的节能技术。

2. 坡屋顶的节能技术

坡屋顶可分为两大类：一是传统的木屋架坡屋顶，二是在平屋顶上加盖木屋架坡屋顶。这两种做法在农村居民建筑中较为常见。无论是传统坡屋顶还是平屋顶上加盖木屋架坡屋顶，坡屋顶部分的构造都基本相同。

坡屋顶的节能技术主要有两种：一是在瓦面与木屋架之间填充保温材料，二是设置保温吊顶。现有的填充材料大多为秸秆或稻草，易出现虫蛀、腐蚀的问题，需要定期更换。而设置保温吊顶则可以在不影响使用的情况下，达到保温效果。保温吊顶通常采用在顶棚与屋面之间加铺保温材料的做法，保温材料可以用锯末、稻壳、粉碎的秸秆及膨胀珍珠岩等，把这些材料用塑料袋密封包装起来平铺在顶棚上即可。增设的吊顶层应耐久性好、防火性好，并能够承受保温层的荷载。增设吊顶后形成的空气间层，可使室内热环境大为改善，且夏季的隔热问题也能得到解决。设置吊顶后，要在房屋两端山墙上开设通风窗。为防止蒸汽渗透，保温材料下面要用油纸或厚塑料做一层隔气层。

（二）屋顶材料

屋顶材料主要分为保温隔热材料和防水材料两大类。

1. 保温隔热材料

保温隔热材料种类较多，常见的保温隔热材料的性能对比见表4-1。

表4-1 常见的保温隔热材料的性能对比

名称	导热系数/[W/(m·K)]	干密度/(kg/m^3)	抗压强度/kPa	吸水率/%	修正系数
XPS挤塑保温板	≤0.030	4	150～500	≤15	1.25
泡沫玻璃板	≤0.062	140	≥400	0.2～0.5	1.20
酚醛保温板	≤0.040	100	≥100	≤7.5	1.20
玻化微珠保温砂浆	≤0.052	300	≥200	20～50	1.20
加气混凝土砌块	≤0.220	400～600	≥200	—	1.45
憎水珍珠岩保温板	≤0.078	200～250	≥400	≤5	1.45

2. 防水材料

防水材料可分为卷材类、涂膜类、刚性防水材料类、密封材料类等。一般而言，屋顶卷材防水施工较难，搭接缝多，在接缝处易脱开，且价格较高。因此，在选择屋顶的防水材料时，既要考虑经济因素，也要考虑施工难易的因素。屋顶防水材料以选用改性沥青防水材料、防水砂浆为宜。

（三）既有建筑屋顶能效提升技术

我国较多建筑采用平屋顶。这种屋顶出现最多的问题就是防水层因年久失修损坏和屋顶无保温材料或保温材料厚度、材质等达不到现行节能规范的要求，或者两种问题同时发生。针对平屋顶存在的问题，需要进行能效提升，适宜的改造措施总结如下。

1. 架空屋顶

架空屋顶构造方式，是利用架空板来创造一个遮阳的效果，并在架空板下面形成一个通风系统，利用热空气与冷空气对流等原理构造一个热量流失口，带走夹层中因太阳照射而温度升高的热空气，从而减少由屋顶传向室内的热量，减少夏季空调的能耗。架空屋顶相对其他保温屋顶结构来说施工难度较大。

2. 植物种植式屋顶

植物种植式屋顶其实是利用种植的植物代替保温材料，它能够减少和吸收太阳的辐射热，让屋顶不受或者受到较少的太阳辐射热，从而使得屋顶表面温度较低。虽然该种方法有调节空气污染、美化环境等诸多好处，但是对屋顶的承重要求很大，普通材料和构造方法并不太适合在建筑能效提升中进行推广。寻找降低种植屋顶重量的办法，首先应选用较易存活的植物，并尽量减少种植土层的厚度，然后应采用容器材料重量较低的模块化的种植容器和材料，将屋顶的种植层划分为多个较小的单元，既方便管理又方便运输且重量大大降低。

3. 倒置式保温屋顶

倒置式保温屋顶就是将保温层与防水层施工程序颠倒，保护层、找平层、保温层位于防水层之上。这种屋顶适合既有建筑中屋顶防水保存完好，但屋顶没有保温层的办公建筑。这种屋顶既能够保证建筑屋顶热工性能达到最新节能规范的要求，又能够防止防水层受到长时间的风吹日晒而氧化损坏，引起不必要的施工修复工作。然而，这种施工方法对保温材料的要求较高，通常选择XPS板作为保温材料，再在其上层铺设找平层与保护层。

4. 蓄水屋顶

蓄水屋顶的保温隔热原理是在夏季通过蓄水池在雨天储存大量雨水，在温度较高的晴天时通过雨水蒸发而带走大量的热量从而起到保温隔热的效果。该系统设有补水系统，在特定环境下可与种植屋顶相结合使用，是一种非常环保且收益较大、保温性能较好的屋顶保温系统。该系统的缺点是在冬季保温性能较差，且对屋面防水要求较高。

三、外墙的节能技术

（一）外墙的保温技术对比

外墙的保温技术，主要有外墙内保温技术、外墙外保温技术、复合保温技术、外墙自保温技术四种。四种保温技术的介绍与优缺点分析见表4-2。

表4-2 四种保温技术的介绍与优缺点分析

保温技术	技术介绍	优点	缺点
外墙内保温技术	在外墙内表面使用预制保温材料粘贴、拼接、抹面或直接做保温砂浆层，以达到保温目的	内保温在技术上较为简单、施工方便，对建筑物外墙垂直度要求不高，具有施工进度快、造价相对较低等优点，在工程中也常被采用	①结构热桥的存在容易导致局部结露，从而造成墙面发霉、开裂；②由于外墙未做外保温，受到昼夜室外温差变化幅度较大的影响，热胀冷缩现象特别明显，极易发生空鼓和开裂
外墙外保温技术	在外墙外表面进行保温的技术，通常由保温层、保护层和固定材料构成，因其可以减轻热桥的影响，同时保护外墙不受过大的温度变形应力，是目前应用最广泛的保温做法	①适用范围广；②保护主体结构，延长建筑物使用寿命；③可以有效消除热桥的影响；④有效避免墙体潮湿，进一步改善保温性能；⑤有利于保持室温稳定	①对保温系统要求严格；②施工难度较大；③造价高
复合保温技术	在外保温操作方便的部位采用外保温，外保温操作不便的部位采用内保温	内外混合保温从施工操作上看，能够有效提高施工速度，对外墙内保温不能保护到的热桥部分进行了有效的保护，使建筑处于保温中	容易使外墙的不同部位产生不同速度和尺寸的变形，使结构处于更加不稳定状态，经年温差必将引起结构变形、产生裂缝，从而缩短建筑物的使用寿命

续表

保温技术	技术介绍	优点	缺点
外墙自保温技术	墙体自身的材料具有节能阻热的功能，通过选择合适的保温材料和墙体厚度的调整即可达到节能保温的目的	外墙自保温体系的优点是将围护结构和保温隔热功能结合，无须附加其他保温隔热材料，能满足建筑的节能标准，同时外墙自保温体系的构造简单、技术成熟、省工省料	需要结合各地区条件，对墙体材料的厚度进行计算

依据表4-2中的分析，外墙内保温技术、外墙外保温技术和复合保温技术对施工工艺和成本的要求均高于外墙自保温技术，适合在城市采用，而外墙自保温技术无论是对施工工艺的要求上还是对成本的要求上，均适合农村采用。

（二）外墙保温材料分析

保温材料在围护结构中有保温隔热的热工性能，直接影响室内外温度的传递。保温隔热性能越好的材料，在夏季能够有效阻挡室外热空气传入室内，同时在冬季能有效防止室内热量流失，从而减少使用制冷（采暖）设备，节约资源。

岩棉板。岩棉板工艺生产的原材料为玄武岩，是一种经高温熔融而成的无机纤维板。该材料具有质量轻、导热率低、隔热效果好、不燃等特点。岩棉板虽然保温性能低于EPS板与XPS板，但岩棉板具有不燃、耐高温、熔点高于1000℃、A级防火等级等特点，因此市场仍是供不应求，尤其在对火灾有严格要求的大型公共建筑中使用率更高。

聚苯乙烯泡沫板，又名泡沫板、EPS板，是由可发性聚苯乙烯珠粒经高温加热后在模具中成型的一种白色固体物，该物体拥有微小细密的闭孔结构。在建筑围护结构的保温体系中，EPS板常被认作是有机材料的典型对象，主要通过黏接的方式被固定在外墙上，从而达到冬季保温、夏季隔热的效果。其保温效果较好，施工简便，材料成本低廉，因此，被广泛运用于建筑保温领域。

挤塑聚苯乙烯泡沫塑料，又名XPS板，该材料工艺独特，是经由特殊工艺连续挤出发泡成型的材料，其拥有均匀平整的硬模表面，内部空间呈现完全的微密闭孔状蜂窝结构。XPS板作为轻质高强板材，当材料密度低于40kg/m³时，可承受350kPa以上的抗压强度，其良好的抗冲击性能使得该材料在建筑领域中被广泛运用。

聚氨酯泡沫是以异氰酸酯和聚醚为主要原料，在发泡剂、催化剂、阻燃剂等多种助剂的作用下，通过专用设备混合，经高压喷涂现场发泡而成的高分子聚合物。它是一种集保温、防水功能于一体的新型合成材料，其导热系数较低；低导热性使其在同等保温性能下，材料厚度更小，从而减少围护结构厚度，增大室内使用面积。此外，聚氨酯泡沫材料的抗冻性、隔音性能好，正常维修和使用下可长达30年。

STP超薄绝热保温板，是由无机纤维芯材和高强度复合阻气膜通过抽真空封装技术制成的A级防火板，拥有超薄、真空等特点。无机纤维芯材本身具有一定的热阻，导热系数为0.04W/（m·K），外加真空封装使得材料导热系数大幅度降低，是所有保温材料中导热系数最低的材料，适用于以混凝土和砌体结构为基层的民建建筑工程，也广泛运用于各种老旧居住建筑的改造工程中。

对于三种保温技术（外墙外保温技术、外墙内保温技术、屋顶外保温技术）及保温材料对室内环境温度的影响，有以下几点结论。

第一，冬、夏两季，在外墙内保温技术与外墙外保温技术这两种保温技术中，外墙外保温技术可使冬季室内温度更高，夏季室内温度更低，从而验证外墙外保温技术优于外墙内保温技术。

第二，外墙增设保温材料后，冬季室内温度明显上升，但夏季室内温度也呈上升趋势。研究发现，冬季室内温度上升值明显大于夏季室内温度上升值，从而说明冬季减少的采暖能耗远高于夏季因温度上升而增加的制冷能耗。五种保温材料工况下，在保温材料厚度增加到一定值时，夏季室内温度逐渐趋于稳定，部分保温材料在厚度到达一定值时，夏季室内温度反而逐渐降低。由此说明外墙保温材料对于室内环境舒适性的改善明显。

第三，屋顶外保温技术，可使冬季室内温度显著上升，夏季室内温度显著降低。相比外墙保温技术，屋顶外保温技术使得室内温度改善更明显，从而更大幅度地降低冬、夏季空调的采暖和制冷能耗。由此说明，屋顶外保温技术是建筑围护结构保温体系的重要技术之一。

第四节 建筑照明节能技术

一、照明系统

照明系统不仅是现代建筑中不可或缺的一种手段，也是人类生产和生活中不可缺少的一部分。现行的《建筑照明设计标准》（GB/T 50034—2024）对照明的布局方式和照明的种类进行了明确的定义。照明的布局方式一般包含常规照明、区域常规照明、局部照明和混合照明四种类型。照明的种类则主要有基本视觉功能照明、正常情况下在室内或室外使用的普通照明、在普通照明无法正常工作时的应急照明及警卫照明、值班照明和障碍照明六种类型。

（一）光学原理

照明系统的光学原理主要有以下几点：①光通量，指肉眼能察觉到的光的多少。②发光强度，指光源在特定方向上产生的光通量。③照度，指工作平面上光通量的密度。④照度均匀度，指规定工作面上最小照度与平均照度的比例关系，有时也指规定工作面上最小照度与最大照度的比例关系。照度均匀度是照度质量的一个重要的衡量指标。光线分布越均匀，说明照度越好，视觉感受就会越舒服，照度均匀度较低，越容易增加眼睛视觉疲劳。

（二）照度计算

照度计算是在不同场景下根据不同的照度标准、不同的灯具种类及特定的室内环境信息等，确定相应的灯具数量，或者在确定灯具的布置方案后，计算照明系统在工作面上产生的照度值，以检验被照工作面上的照度是否满足设计标准，也可在已经布置好的照明系统中，根据不同的照度需求控制灯具。

（三）智能照明控制

照明控制是照明系统的重要组成部分，也是照明设计的主要内容。利用一个开关控制一个回路中的灯具是传统的照明控制方式，随着时代的发展进步，照明控制逐渐向智能化方向发展，可以控制灯具的色彩与灯具的发光时间，在不影响照度需求的基础上，利用不同意境和效果，为室内人员提供舒适的照明环境。智能照明控制系统的灵活运用是照明设计师技术与艺术才能的充分体现。

二、照明系统节能模型

从建筑照明系统全生命周期角度出发，照明系统需经历4个阶段，即照明系统施工安装、照明系统运行、照明系统维护、照明系统拆除处置。系统运行与维护是节能研究的重点，围绕该重点可以将照明系统的节能方式分为两大类型。一是在系统的运行阶段，人员是其参与者，通过使用控制模型，在满足期望照明的前提下，减少系统的电能消耗，以此实现系统直接节能；二是从系统的维护角度出发，人员是其管理者，通过构建照明系统能耗预测模型，对系统的未来能耗进行预测，预测数据用于系统管理人员对系统状态进行判断并及时检修，以此实现系统间接节能。

（一）直接节能——控制模型

照明控制模型经历了从静态到动态的发展过程。静态控制模型是指系统中描述的各个变量之间不能随时间变化而变化，如传统的照明控制系统。该模型在系统运行阶段处于恒定不变的状态，不能满足人们日益增长的照明需求，且其节能水平较低，智能化程度不高。

随着节能理念不断深入人心，人们对照明需求的增加，致使传统的静态控制模型无法适应当前的需求理念，同时灯具的发展更新，为动态控制模型的建立提供了有利条件，因此，人们在静态控制模型的基础上不断地深化和拓展，将影响照明系统的动态的因子加入其中，如自然光、人员的作息等，形成了动态控制模型。[①]

（二）间接节能——预测模型

随着机器学习的快速发展，诞生了一系列的预测算法，与传统的预测算法不同，这些新诞生的预测算法能够对历史数据能耗进行不断的分析，调整模型中的参数，以保证模型对未来数据预测的准确性。选取能够反映能耗变化的因素用于能耗预测模型，不仅能提升模型预测的准确性，还能通过模型

①张欣毅，寇寰，张龙梅. 建筑节能照明设计研究[J]. 光源与照明，2022（5）：36-38.

发现能耗变化的趋势及发展特性，这对节能工作的展开及研究建筑定额用能具有指导性意义。

以环境空间整体为研究对象，当环境空间处于无人或人员极少时，照明系统的持续运行会造成能源浪费，不能实现照明系统人走灯灭或为少数人提供所需照明的节能场景。同时在建筑设计时期一旦确定建筑中采用的灯具类型，那么就只能通过采取合理的照明控制方法来实现减少照明系统电能的目标，以及不定期地对系统进行检查排除故障，以间接实现系统节能。

三、建筑照明节能技术应用的原则

（一）实际功能性

在建筑施工中，照明节能技术的应用是建立在整个建筑行业的实际标准上的，在建筑行业快速发展的过程中，很多制造标准、建筑整体的特点都会对照明节能技术的实际应用产生一定的限制。因此，在对建筑照明节能技术进行应用的过程中，必须加强对亮度、频率和使用方式的考虑，使其能够与建筑实际环境更加契合，还要使建筑的功能性、合理性和舒适性得到可靠的保障。此外，在对电能源进行利用时，设计人员要结合建筑电气设计的初衷，在尽可能充分利用资源和提高资源利用效率的基础上，进行更加全面的设计。还要对电气照明光源进行科学的选择，使电气照明节能技术的科学性与合理性得到可靠的保障。

（二）环保技术性

对于照明节能技术来说，最基本的设计原则就是对电气资源进行合理的整合，使自身的环保特性得到充分的发挥。在电气照明节能技术的利用过程中，还要进一步明确节约性的关键含义。节约性就是对整体资源利用过程的节约，而不是放弃对资源的使用。要想使节约性得到充分的发挥，在对资源进行利用之前，要通过科学的方式，充分发挥资源效益，创造出最大的社会价值。建筑照明节能技术应用的一个重要前提就是能够满足居民的正常使用，其应用过程中的环保技术性主要体现在以下几个方面：①加强对高频使用的电气能源部分的升级改造研究，从各个细节上提高整个能源的利用率；②加强对自然光照的利用，通过建筑内的合理布局，使自然光源的利用率达到最大，这样就能减少人工电气资源的使用量。

（三）经济约束性

在现阶段社会经济快速发展的大环境下，整个社会生产力并没有得到彻底的解放，整个社会生产水平还处于快速发展和提升的阶段。我国建筑节能技术发展起步时间较晚，技术优化、升级工作的开展都需要大量的资源和强有力的技术环境作为支撑，因此在技术设计的过程中，如果一味地追求节能而没有考虑到经济效益的综合提升，就会出现舍本逐末的局面，因此在建筑照明节能技术发展的过程中，要始终遵循经济约束性的发展原则，充分考虑整个使用周期内建筑的能源使用效果。

四、建筑照明节能技术的应用

（一）使用高效光源

在建筑照明节能技术应用的过程中，最基础的工作就是加强对光源的选择与改进，对于建筑照明来说，照明是导致能源消耗的主要原因，因此采取增强光源效果的措施，不仅能有效减少电能的使用量，还能大大提高电能的利用率。当前阶段最常见的高效光源就是LED光源。在节能型照明设备研究发展的过程中，加强对照明设备本身的研究，是整个建筑照明节能领域最有效的办法，能够节省大量的电能。

（二）利用自然光

在整个建筑照明系统中，建筑整体的能源消耗通常能够维持在一个相对稳定的状态中，可以通过减少人工电力资源的使用比重，提高自然光的使用率，降低能源的使用率，以达到节约资源的目的。自然光相较于人工电气照明更加健康，在使用过程中能够给使用者带来更高舒适度。在实际操作过程中，可以通过光源反射的方式将一些原本无法进入建筑内部的光源反射到建筑内部，还可以通过对透光和导光材料的选择和利用来提高建筑内部的采光效果，除此之外，还可以通过人工调节的方式，适当增加自然光的强度，以满足人们的生活采光需求。

（三）使用高效照明附件

要想充分展示建筑照明设备的使用效率，就必须借助镇流器、启辉器等相关附件来开展辅助工作，这些装置设备的联合使用可以对整个建筑照明节能系统的运行效率带来一定的影响。因此，我们可以加强技术手段的革新，大幅提高镇流器的使用效率，不仅能够大大降低整个建筑的电能消耗量，还能显著提高整个电能的使用效率，提升整个电气照明设施的质量。

（四）选择合适的变压器

电压器和变压器作为电气系统的主要组成部分，对节能照明系统的运行有着非常重要的影响，因此在对电压器和变压器进行选择时，要始终坚持节能的发展目标。在选择电压参数时，要以民用建筑的供电设备数量和供电要求为准。现阶段民用建筑的供电电压一般控制在220V～10kV，因此对于民用建筑电压的定级，要在电压适宜的基础上尽可能提升电压等级。电压器的选择是整个节能控制工作的关键，通常情况下节能电压器的选择应控制在10型以上，并且要采用非晶合金材料，这样不仅能够降低噪声，还能够实现节能环保。由于变压器需长期处于工作状态，因此变压器的整体负载不能过大，同时要结合不同的季节，从实际用电量出发达到减少用电量的目的。

五、室内照明节能技术

（一）室内照明智能控制策略

1. 室内照明和自然光相结合控制

随着节能环保社会的到来，人们越来越重视节能环保手段的执行。而对于照明控制设计而言，可以重新利用自然光资源来实现节能目标。自然光是最为舒适且有益于人的健康的光源。当前绝大多数室内照明与自然光结合的研究成果都处于仿真阶段，对应的技术条件还不够成熟，不能满足实际应用条件。要想实现这些技术的大范围有效应用，就需要继续开展大量的预测和仿真实验，以此来提升对应模型的精准性，以便提升对照明设备管控和调节的精确度。这里还要注意的是，不同的模型和研究在具体应用时还要考虑“因地制宜”，要针对不同的房间类别、地域类别来进行对应的照明舒适度评价判定，进而确定所需照明与自然光的关联函数设置。

2. 基于用户行为的控制

照明控制的目的是满足用户的照明需求。而当前照明用户的个性化需求日益鲜明，对照明控制的要求也向着个性化的方向发展。因此，在未来照明研究中，考虑用户的个性化需求已成为一个研究热点。当然，目前也不乏一些被行业认同的研究成果，在基于用户行为控制的研究方向上做出了较为显著的成绩。当前，对用户行为控制的研究成果，主要侧重于传感器对用户行为数据采集方面，通过数据建模的方式进行照明系统预测控制。未来的研究应该侧重于用户视觉评价方面，通过用户视觉体验评价与参数变化评估来建立对应的模型，实现系统调控的优化。

3. 基于智能算法的控制

智能算法是照明控制系统的核心。目前基于智能算法的控制研究，主要是围绕提高调节精度和提升节能效果这两方面展开的。随着照明用户个性化需求差异的增大，传统控制模式已经难以满足人们对照明控制精准、稳定、快速的需求，需应用智能化的控制模式，同时，应在发展中逐步融入最新的科技发展成果，例如，应用大数据采集、分析和预测功能，实现对不同区域传感器的数据采集，并根据这些数据构建模型，对用户的习惯和行为进行预测，进而实现对照明设备的精准管控和调节。另外，还可以逐步将照明控制系统与区域自动控制、监控系统和智能家居系统连接，提升其应用效果。

（二）室内LED照明调节方法

目前，室内LED照明系统控制方法已经由最原始的单灯控制、群组控制、手动调色温、手动调光控制发展升级为智能控制。同时，在实际应用过程中，对室内LED照明系统的控制方式也趋向多样化。在实际设计中，应根据照明场景、时间、天气等的不同，自动控制调光、调亮度、调色温、调色等。

（三）室内LED景观照明智能控制

LED智能光源具有使用寿命长、安全、节能、环保等诸多技术优势，被广泛应用于大型工业城市的照明设计方案中。其中，典型案例是北京的水立方，在夜晚可以发出迷人的海蓝色夜光。整个景观照明控制过程都是通过LED路灯来显示的。

目前，合理地控制照明的措施是景观建筑节能的重要途径之一。因此，必须严格按照建筑环保的要求，控制传统LED规划的亮度，然后借助传统的LED编程和亮度协调技术，实现艺术建筑景观灯的最佳效果。

第五章 绿色施工技术

第一节 绿色施工的概念

绿色施工是指在保证质量、安全等基本要求的前提下，通过科学管理和技术进步，最大限度地节约资源，减少对环境负面影响，实现节能、节材、节水、节地和环境保护（“四节一环保”）的建筑工程施工活动。与传统施工管理相比，绿色施工除注重工程的质量、进度、成本、安全等之外，更加强调减少施工活动对环境的负面影响，即施工过程中尽量节约能源资源和环境保护。工程施工活动的目的不单单是完成工程建设，而更加注重经济发展与环境保护的和谐、人与自然的和谐，充分体现了绿色发展的基本理念。因此，在进行施工活动的过程中，参与各方应始终将如何实现“四节一环保”作为施工组织和管理中的主线，从材料的选用、机械设备选取、施工工艺、施工现场管理等各个方面入手，在成本、工期等合理的浮动范围内，尽量采用更为节约、更为环保的施工方案。①

绿色施工由施工管理、环境保护、节材与材料资源利用、节水与水资源利用、节能与能源利用、节地与施工用地保护等六个方面组成。各部分主要内容如下：①施工管理，包括组织管理、规划管理、实施管理、评价管理、人员安全与健康管理；②环境保护，包括噪声振动控制、光污染控制、扬尘控制、水污染控制、土壤保护、建筑垃圾控制、地下设施文物保护和资源保护；③节材与材料资源利用，装饰装修材料、周转材料、围护材料、结构材料、节材措施；④节水与水资源利用，提高用水效率、非传统水源利用、用水安全；⑤节能与能源利用，节能措施、机械设备与机具、生产生活及办公临时设施、施工用电及照明；⑥节地与施工用地保护，临时用地指标、临时用地保护、施工总平面布置。

①杨太华．建设项目绿色施工组织设计[M]．南京：东南大学出版社，2021.

绿色施工是绿色发展理念在建筑工程建设过程中的具体体现，绿色施工是实现绿色建筑的重要途径，绿色建筑只能在绿色施工的建造过程中完成，才能综合体现建筑业的“绿色”发展之路。绿色施工中强调的“四节一环保”是实现绿色施工的关键，详细进行建筑工程施工过程的环境影响因素识别和分析，是做好绿色施工组织与管理的前提，只有在摸清绿色施工具体措施的基础上，针对绿色施工中的关键问题，制订绿色施工组织与管理方案才能够保证绿色施工的顺利实施，以达到预期的环境保护效果。

第二节 绿色建筑施工技术集成创新

一、再生能源建筑温控系统施工技术集成创新

（一）再生能源建筑温控系统施工集成体系

随着环境的不断恶化，自然资源的锐减，绿色节能的理念越来越被人们摆上桌面来，其中就包括了可再生能源建筑。

随着人们生活水平的不断提高以及人们对环保的重视，再生能源热泵得到了广泛的应用，这是一种利用浅层和深层的大地能量，包括土壤、地下水、地表水等天然能源作为冬季热源和夏季冷源，由热泵机组向建筑物供冷供热的系统，是一种利用可再生能源的既可供暖又可制冷的新型中央空调系统，是一项值得大面积推广的建筑节能技术。

再生能源建筑温控系统施工集成体系，则集成了流动载体传输环路的并联设计下集合管流量专门控制体系的施工新技术，适时节约建筑物室内温控运行成本；孔井一体化施工技术，通过数据分析与工艺创新，最大限度地将再生能源前期勘探孔综合利用为工作井以降低施工成本；动力系统底座衬垫和吸隔结合的降噪控制技术，降低建筑物内部噪声污染，改善生活环境；研制热泵循环系统新型自动放气阀防堵罐，提升系统科技含量的同时简化安装工艺，方便操作，提高设施运行效率；在发挥再生能源热泵机组优势的基础上，通过建筑物内部密闭的收敛型温控体系施工技术和建筑物外部夏季反射型、冬季吸纳型的阳光集散体系施工技术的组合，达到建筑物节能的目的。

单一的再生能源热泵系统不能构成完整的建筑物节能体系，由地源热泵系统、天棚辐射采暖楼面、冷风吸尘系统、加厚A级防火保温板外保温系统、断桥隔热节能窗系统等组成的温度控制集成体系（再生能源建筑温控体系），通过各系统间的彼此相互依存，系统间作用的相互弥补，进而构成降低建筑物能耗、节约运营成本的最优组合，由可再生能源建筑温控体系带来的施工技术与质量问题，已经得到了工程界的高度关注。将上述地源热泵、采暖楼面、冷风吸尘系统、外保温系统以及断桥隔热节能窗施工进行集成无疑是一个重大的突破与创新。施工技术的集成对施工企业提出了新的挑战，但所带来的是建筑物长期运营能耗的降低，从而达到绿色、节能的目的。

（二）关键技术研发

1. 关键技术

新技术、新工艺的落实必须有关键技术、关键节点以及应重点研究的施工过程与方法，通过不断的理论研究和实践探索，针对上述再生能源建筑温控体系探索出以下4条关键施工技术：①孔井一体化施工技术；②流动载体传输环路的并联设计和集合管流量专门控制体系的施工新技术；③动力系统降噪控制技术；④热泵循环系统新型自动放气阀防堵罐施工控制技术。

2. 技术特点

孔井一体化施工技术。通过数据分析与施工技术创新，能最大限度地将再生能源前期勘探孔综合利用为工作井，与传统的孔井分离施工相比，既缩短了工期，又降低了工程成本。

流动载体传输环路的并联设计和集合管流量专门控制体系的施工新技术。通过工艺创新，优化温水流量，节约建筑物室内温控运行成本。

动力系统降噪控制技术。通过施工技术集成，能有效地降低建筑物内部噪声污染，改善生活环境。

热泵循环系统新型自动放气阀防堵罐施工控制技术。研发并应用新型防堵罐，大大提升温控系统的科技含量，简化安装工艺，方便操作，提高设施运行效率。

上述四项关键技术的应用，确保了可再生能源建筑温控体系施工新技术得以实施并且达到理想的节能减排效果。

（三）工艺原理分析

孔井一体化施工技术，针对工程建设场地地质特性，利用数学优化理论的思想，寻求最佳的勘探井点网格布局，并结合目前的工作井施工技术现状，采用完井新工艺、新技术努力提高勘探井的完井质量，把探井完井的整体水平提升到一个新的高度，使得再生能源建筑前期勘探井综合利用为工作井，可以较大程度降低勘探人员的工作劳动强度和建设单位的工程建设费用。

集成的流动载体传输环路的并联设计和集合管流量专门控制体系的施工技术，通过再生能源流动载体传输环路（热辐射盘管）的并联设计和集合管流量控制专门设计体系的施工新技术达到优化流量，节约建筑物室内温控运行成本的目的。并联环路阻力损失小，即通过设计施工的并联体系，利用两个节点间的压差相等的原理使管网流量平衡，即节点的各支路流量的代数和等于零，使得各房间温差最小，能耗最小。集合管流量控制专门设计体系与施工，即当需要泵机台数调节时，主要采用流量控制，根据桥管内水流的方向和大小控制泵机的开停，节约能量；当需要解决水力、热力工况不协调的问题时，采用负荷控制，负荷变化范围较宽时，采用多泵并联变速运行可有效降低运行能耗，在低负荷时系统仍能保持较高的效率。

动力系统底座衬垫和吸隔结合的降噪控制技术，通过动力系统底座下部减振元件的科学安装布置和周边隔吸音材料敷设，根据地源热泵的重量选用12个高度可调的弹簧阻尼隔振器放在泵体下方进行单层隔振。为了使隔振器的上表面和下表面均匀受力，在安装隔振器之前对机组的下表面和基础的上表面进行求平处理，使两者表面水平度误差尽量在±30mm以内。并把管道和墙体进行分离，进行隔振处理，噪声下降了20～30dB（A)。从而降低建筑物内部噪声污染，改善了生活环境。

热泵系统在运行过程中，水在加热时释放的气体如氢气、氧气以及散热器里的气袋等，会导致腐蚀的形成、热水循环不畅通不平衡、管道带气运行时的噪声、循环泵的涡空现象。所以系统中的废气必须及时排出。热泵循环系统新型自动放气阀防堵罐，在放气阀中设计Y形过滤器并在放气阀底部设置检修口，使管道里的铁锈和杂质沉淀过滤掉，另外热泵排气阀还可在系统压力紧急时为系统补充空气，保证系统不会因负压产生泵涡顶事件，在系统正常后再由此阀排出空气，通过这种方式提升了系统科技含量，简化了安装工艺，方便操作，提高了设施运行效率。

（四）施工工艺流程及施工技术

1. 再生能源建筑温控体系孔井一体化施工工艺流程

孔井一体化施工技术，充分利用勘探井和工作井的转化减少对原地质组成的破坏。施工工艺流程主要包括U形管制备→孔定位编序→钻孔→下管→垂直埋管灌浆→地埋管系统试验及运行等。

2. 再生能源建筑孔井一体化施工技术

放线、钻孔施工新工艺，是指将室外地源换热器设计图纸上的钻孔排列、位置逐一落实到施工现场。探孔服从工作井标准，孔径的大小以能够较容易地插入所设计的U形管为宜。在钻孔过程中，根据地下地质情况、地下管线敷设情况，适当调整钻孔的深度、个数及位置，以满足设计要求。

下管与第二次试压施工新工艺，是指人工下管时，为了防止下管过程中遇到损伤而在U形管头部设置防护措施，以及下管完成后进行二次水压实验。

水平沟槽开挖以及安装分集水器施工新工艺，是指分集水器为直埋敷设。埋管时要打到一定的深度，夯实沟底，随后填一层细砂或者细土，将U形管与分集水器的每一个管段进行连接，形成封闭环路。

回填施工新工艺主要分为以下几个步骤：①灌浆回填材料为膨润土和细砂的混合浆。膨润土的比例宜为4%～6%。②回填原料安装完毕后，立刻灌浆回填封孔，隔离含水层。③孔井中PE管理完后等待3～4h，待井中砂、泥浆沉淀后用粗砂回填。

3. 再生能源建筑流动载体传输环路流量控制施工新工艺

阀门等管道部件安装施工新工艺。阀门的安装位置、高度、进出口方向需要符合设计要求；安装在保温管道上的各类手动阀门，手柄均不得向下；大型号的阀门，单独在阀门处设置承重支架；系统最高处的排气阀、管路最低点的泄水阀必须设置并注意安装方向正确；机房内所有阀门以及主管道的切断阀门，必须进行强度严密性试验。

补偿器安装施工新工艺主要包括以下几个方面：①对波纹管膨胀节进行单独吊装，安装前检查膨胀节的规格型号以及支座配置是否符合设计要求。②做到内衬筒方向与介质流动方向一致，铰链转动平面与位移平面一致，不得使用波纹管变形的方法对管道的偏差进行调整。安装过程注意不要让焊渣飞溅到膨胀节表面使其受到损伤。③管道安装完后将辅助定位机构的紧固件拆除，并将限位调整到设计规定位置，波纹管膨胀节不允许出现被外部构件卡死的情况。

管道安装操作要点。一定要将管子拧紧，在螺纹连接处用密封胶和聚四氟乙烯生料进行有效连接。

4. 再生能源建筑动力系统集成降噪施工新工艺

再生能源建筑动力系统集成降噪施工新工艺操作如下：①减振垫按设备技术文件要求布置，设备与基础间除减振垫外，不应填混凝土，以确保减振垫的功能。按规范要求进行负荷运转。②减振元件应按地源热泵机组的中轴线作对称布置。③机组减振元件进行合理的设置，使其压缩变形量尽可能地保持一致。④地源热泵机组减振安装的橡胶减振垫与地面及与惰性块或型钢机座之间无黏接或固定。⑤减振垫与钢板应用黏合剂黏接。镀锌钢板的平面尺寸比橡胶减振垫每个端部大10mm。镀锌钢板上、下层黏接的橡胶减振垫交错设置。⑥安装时保证减振元件的静态压缩变形量不超过最大允许值。⑦机组减振元件应避免与酸、碱和有机溶剂等物质相接触。

5. 再生能源建筑温控体系新型排空阀施工新工艺

再生能源建筑温控体系新型排空阀施工新工艺操作如下：①从阀盘组件取下防脱链条并从底座拆除阀盘组件。拆除并抛弃排气阀内外的所有保护包装材料。拆除并抛弃阀盘组件的保护纸板和胶带。②仔细检查，以确保排气阀底座或阀盘组件中不再有包装或保护材料。③使用适于使用条件的垫圈将排气阀底座固定到适当的罐上法兰上。为了获得最好的性能，排气阀底座应水平固定，以便阀座表面和水平面的差距不超过1°。④压力设定配重块安装，将配重块装配到阀盘组件的顶部。这要通过以下步骤来完成，拆除全天候护罩、将配重块居中放置在阀盘上，然后使用提供的配重块固定夹将配重块固定到阀盘上，安装配重块（如果提供）后，更换全天候护罩并使用螺母固定。⑤将阀盘组件安装到底座中，阀组移动限定架置于阀座内部。(注：顺着阀组移动限定架，阀盘组件应可在底座中自由上下移动。)⑥将底座上安装的防脱链条重新连接到阀盘组件上的固定夹上。这些链条旨在操作条件下限制阀盘组件的抬升，并保持阀盘组件定位，以便在释放罐槽中的过大压力后可以使其复位。⑦排气阀必须垂直安装，否则排气阀浮筒不能浮起，造成排气阀不能正常工作。⑧必须装在系统的最高点。⑨安装位置应便于调试和维修，预留检修空间。⑩Y形过滤器和检修保温应做成可拆卸式，方便系统冲洗和维修拆卸。

（五）基于新工艺的施工质量控制

1. 过程控制

分项工程施工前，各专业技术人员对班组长进行书面技术交底并签字，班组长对本班组人员进行口头交底。

施工现场的各种材料、成品、半成品、设备均按项目部要求堆放。材料的堆放和管理应符合公司的有关规定，并认真开展文明施工。

进入的所有施工机具、设备确保完好并满足工程所需，严格按公司设备管理制度进行使用、维护和保养。

每道工序施工完毕后，施工人员对该工序进行自检及班组内的互检，发现问题及时整改并做好记录。

施工中出现设计变更时，应及时与技术人员进行交底，确保变更能够及时有效地落实。检查合格后，有关人员及时进行验收，验收合格后方可对需隐蔽工程进行隐蔽。

2. 检验和试验

进货检验和试验。对所有进场的物资进行详细的检验，并进行试验。检验不合格的或不符合绿色建筑施工要求的物资一律不准入场。

过程检验和试验。每一道工序都应首先进行自检，在自检合格的基础上进行复检，复检合格后才能转入下道工序。

最终检验和试验。按照技术规范要求及绿色施工集成新技术标准对产品进行最终的检验与试验，以确保产品质量、工程质量。

3. 检验、测量和试验设备的控制

明确检验任务，选择合适的检验、测量和试验设备，保证检验数据的精确性。

4. 不合格品的控制

及时有效地对产品进行检验、检测，如发现不合格产品应及时进行控制，不得使用并从根源处理，寻找造成产品不合格的原因，进行产品、技术改进。

5. 纠正和预防措施

质检、安检人员应及时纠正不正确、不合理的施工方案，发现不合格操作及时进行纠正，并且制订切实有效的预防措施。

6. 搬运、贮存、包装、防护和交付

现场施工人员在搬运、储存半成品、成品时应注意对产品的保护，做到不碰不损伤，根据产品的特性进行储存、包装和防护，交付使用时应与施工技术人员交底，说明应注意的要点问题，避免对产品造成损害。

7. 质量记录

质检人员做好对产品及施工后各道工序的检验，做好质量检查记录。

二、复合功能植被顶板施工技术集成创新

（一）复合功能植被顶板施工集成体系

随着社会经济的发展，人们对生活环境的要求也日益提高，在城市化加速发展带来的城市环境恶化的诸多问题面前，人们逐渐对屋顶绿化有了新的认识，在全国如北京、重庆、成都、上海、深圳等大城市屋顶绿化以各种形式展开，政府也认识到顶板（包括屋顶）绿化的重要性，一些大城市也相继出台了鼓励措施和相应的政策法规。

复合功能植被顶板，是指在地下工程顶板如地下车库顶板，地下人防工程顶板等的防水层上铺以种植土，并种植植物，使其起到保温、隔热和生态环保作用。复合功能植被顶板施工不仅不占用地面绿化用地，而且是在有限的城市空间里充分利用闲置空间提高绿化覆盖率的最有效方式之一，是21世纪绿化、美化城市的主要手段。它不仅能有效地降低光、声污染和二次扬尘，又能吸废、排氧、截留雨水和降低城市热岛效应等，改善城市生态环境、调节小气候。

复合功能植被顶板上绿化，不但要种草、种灌木，而且还要种植相当大的乔木，现有的种植屋面技术满足不了实际的需要，实际运用中存在渗水、漏水、顶棚脱落、种植区下部顶板被植物根系穿透致使防水、保温甚至结构层遭破坏等诸多问题，种植顶板一旦渗漏，返修十分困难。

在实际工程操作过程中，我们试图将复合功能植被顶板进行集成施工并成功解决了一系列问题，车库顶板构造的空中花园般的种植，是乔灌花草搭配，亭榭花架、小桥流水、体育设施综合在一起的供人们休闲娱乐的绿色空间，取得了良好的经济、社会效益。

（二）复合功能植被顶板施工关键技术

1. 复合功能植被顶板施工技术特点

超厚复合层施工新技术。通过一系列集成新技术，提升了顶板结构层、保温层、找坡层等多层复合的施工质量。

耐根穿复合胎基施工技术。通过保护层材料选配、配筋强化、复振复抹压实施工和复合胎基热滚压工艺创新，防止了植物根系穿透而使防水、保温乃至结构失效。

天棚网格布找平层刮糙技术。采用加衬网格布的顶板天棚刮糙和喷涂抹灰，既防止顶棚脱落、返潮发霉，又提高了工效，改善了作业环境。

配土、排水与围池种植施工技术。人工基质加轻质颗粒物，实现复合顶板绿化专用的土壤施工，围池种植高大乔木，既加快灌水的渗透、余水的排放，同时又减轻了顶板荷载，节约费用。

上述四项关键技术的综合应用，能解决在施工工程中出现的渗水、漏水、顶棚脱落、种植区下部顶板被植物根系穿透致使防水、保温甚至结构层遭破坏等诸多问题，确保复合功能植被顶板施工集成技术得以顺利实施。

2. 复合功能植被顶板施工工艺原理分析

工艺目标主要包括如下几个方面：①提升复合功能植被顶板各层复合的施工质量，减少甚至杜绝结构各层的温差裂缝，降低维护成本。②保证种植区下部的顶板不被植物根系穿透，防止复合功能植被顶板防水层、保温层以及结构层失效。③防止复合功能植被顶板的顶棚脱落，提高工效，改善施工作业环境。④实现种植花、草、灌木和乔木的结合，加快灌水渗透、雨水排放的同时减轻顶板上荷载，节约成本。

工艺原理分析：①超厚复合层施工新技术，从地下室由下往上采用防霉乳胶漆涂刷、水泥基渗透结晶型涂刷、重载抗渗顶板防缩裂浇筑、分层找平、保温层挤塑板（XPS）满灌、保护层混凝土加钢筋网片等一系列技术集成，提升施工质量，延长建筑寿命，降低了后期建筑的维护成本。②耐根穿复合胎基施工技术，选用强化防水卷材和有耐根穿作用的复合胎基防水卷材作为防水层，热熔施工、滚压铺贴，在防水层上再做加强钢筋网片混凝土保护层，通过复振复抹压实技术，防止种植区植物根系穿透顶板，确保保温层、防水层及结构层的安全性能。③天棚网格布找平层刮糙技术，采用加衬网格布的顶板天棚刮糙，能够有效防止顶棚脱落，避免砸坏车辆，保护居民的人身安全。④配土、排水与围池种植集成施工技术，通过选用人工基质加轻质颗粒物作为种植土，减轻车库顶板荷载，采用种植池种植高大乔木，既能减少种植土的使用，节约成本，又能提升灌水渗透、余水排放效应，避免顶板漏水，减少维修费用。

（三）施工工艺流程及施工新技术

1. 地下室植被顶板天棚乳胶漆涂刷施工新工艺

对于地下室，室内湿气重，为了防潮防霉，选用雅达EF-014B防霉乳胶漆。EF-014B防霉乳胶漆采用精选特种丙烯酸乳液，经先进的色散工艺和防霉配方技术，配以优质、细腻的颜料、填充料及多种无毒助剂精细加工制成，耐水、碱、石灰和化学品性强，能有效防止褪色和粉化，防霉、抗藻性能优异并且遮盖力高、附着力强。

采用一底两度，即一层底漆，两层面漆的涂刷方法。

基层处理。将装修表面上的灰块、浮渣等杂物用开刀铲除，对表面有油污的地方，用清洗剂和清水洗净，干燥后再用棕刷将表面浮砂、灰尘清扫干净；用水与界面剂（配合比为10：1）的稀释液滚刷一遍；晾干，用嵌缝腻子将底层不平处填补好。

第一度满批腻子。用胶皮刮板满刮，要求横向刮抹平整、均匀、光滑，密实平整，线角及边棱整齐为度；尽量刮薄，不得漏刮，接头不得留槎；腻子干透后，用粗砂纸打磨平整，操作时注意保护棱角，磨后用棕毛扫帚清扫干净。

第二度满批腻子。第一层腻子涂层表干后进行第二遍涂刷，根据施工现场温度和湿度确定前后两次涂刷间隔时间，通常不少于2~4h。第二遍满刮腻子的刮抹方向与前腻子相垂直；然后用300W太阳灯侧照天棚面，用粗砂纸打磨平整，最后用细砂纸打磨平整光滑。

涂刷第一遍乳胶漆（底漆）。①乳胶漆使用前涂刷均匀，按照从上到下，从左到右，从远到近的顺序涂刷，并做到前后衔接。②第一遍乳胶漆干透后，用灯光照着复补腻子，特别检查有顶灯的部位，对墙面上的麻点、洼坑、刮痕用腻子批刮找平，干透后用细砂纸轻磨，并把粉尘扫净，达到表面平整光滑。③当日未用完的乳胶漆要完好封存防止风干。④要做好涂层背面水源的封闭，防止水从背面渗透过来破坏涂层。

涂刷第二遍乳胶漆。①刷第二遍的乳胶漆应比第一遍稍稠一些。②滚子涂刷到位。③干燥后进行打磨清扫。④乳胶漆上面漆时，其他工种不得施工，以防污染。注意成品保护（地面及相邻成品）。落在其他装饰成品上的乳胶漆应及时清理。

涂刷第三遍乳胶漆。①第二遍的面漆应在上一遍面漆完全干后方能进行，至少间隔2h。乳胶漆施工室温应控制在5℃以上。同时密闭门窗，减少空气流通，涂刷完2h后方可开窗通气。检查无透底、流坠、无明显刷痕及裂缝。②第三遍乳胶漆为喷涂，做到迅速喷涂，从一头开始到另一头按照顺序进行，注意相互之间的衔接，避免出现干燥后再进行接头的现象。

2. 地下室植被顶板挂耐碱玻纤网格布施工新工艺

检查耐碱玻纤网格布出厂合格证及检测报告。

底层砂浆聚合物初凝后，在其表面喷涂厚度为1～2mm的抗裂砂浆，要确保网格布均被覆盖，也可以稍微看到网格布的轮廓为准。

3. 地下室植被顶板隔气层施工新工艺

隔气层材料采用0.8mm厚的CCCW水泥基渗透结晶型防水涂料。

在CCCW施工之前，先将表面清扫干净，且要求干燥、平整、牢固、干净，不得有松散、开裂或空鼓等缺陷，含水率不大于9%，凹凸不平及裂缝处需要先进行找平。可用1：2水泥砂浆进行批嵌，以确保防水涂料的施工质量。

打开料桶，把涂料搅拌均匀，用辊子涂抹，根据涂层厚度0.8mm，涂刷3遍，直到满足设计要求厚度止，上层涂料涂刷时，应待下层涂料干涸后进行。

防水涂料施工完毕后，及时检查，观察涂层是否有裂纹、翘边、鼓泡、分层等现象，若有需要及时修复。

4. 地下室植被顶板重载抗渗顶板（钢筋混凝土空心楼盖）施工新工艺

地下室植被顶板重载抗渗顶板混凝土工程应按下列要求施工：①混凝土施工必须按以下工艺流程进行：施工准备→模板交接→浇灌申请→监理工程师批准→混凝土浇筑振捣→混凝土养护。②应采用由专业化公司生产的商品混凝土，严格按设计的抗渗等级（S8）配比。施工现场严格按规范规定进行坍落度测试和试块留置等工作。③采用分段施工法，以减少混凝土的温度应力和收缩应力。浇筑前先对冷却水管试水压及流量，一保不渗漏，二看流量和出水温度，计算冷却时间。④严格将车库顶板混凝土坍落度控制在170mm以内。插入式振捣器作用半径控制在300～400mm，振捣时间为20～30s，振捣时振捣器快插慢拔且上下略为抽动。⑤在混凝土初凝之前，进行二次振捣，二次抹压，及时排除表面泌水，以增加混凝土的密实度，减少混凝土的表面裂缝。⑥浇筑混凝土时应经常观察模板、钢筋等有无移动、变形情况，发现问题应立即停止浇筑，并应在下次浇筑的混凝土凝结前整改好。⑦对于钢筋密集的部位，为确保混凝土质量，该部位采用5～25mm粒径的细石混凝土。⑧混凝土浇筑时要准确控制好预埋件位置，浇筑振捣时要防止预埋件位移及上浮。混凝土浇捣后，12h内应对混凝土加以覆盖和浇水，混凝土表面全部用一次性塑料薄膜养护，3天内，不得进行后续工序的施工。吊运重物时，宜分散堆放，且堆放位置应采取铺设垫板等措施，减轻对顶板的冲击影响。

地下室植被顶板重载抗渗顶板模板工程施工新工艺：①搭设模板支撑系统所用钢管全部采用48mm×3.5mm，木方用50mm×100mm，模板采用15mm厚竹胶模。每根立杆底部设置垫板，垫板厚度不小于50mm。②模板支撑系统的搭设和拆除，均不得上、下步同时作业。③模板支撑系统拆除前应由项目工程师召集有关人员对工程进行全面检查，确认相应部位顶板混凝土均已达到设计强度，确实已不需要时，方可拆除支撑系统。④支撑系统的拆除作业必须自上而下逐步进行，严禁上下步同时拆除作业。分段拆除的高差不应大于2步。

5. 地下室植被顶板水泥砂浆找平层施工新工艺

地下室植被顶板水泥砂浆找平层施工新工艺：①水泥砂浆找平层施工前应清洗干净，表面干燥，先把屋面清理干净并洒水湿润，铺设砂浆时应按由远到近、由高到低的程序进行。②顶板结构的找平层应坚实、平整，不得有浮灰或油污，无酥松、起砂、麻面的凹凸现象。③基层与突出种植面结构（绿植墙、主体结构）的交接处和基层的转角处，水泥砂浆找平层应做成圆弧形，圆弧半径50mm，内部排水的水落口周围；找平层应做成略低的凹坑，以便防水层施工。

6. 地下室植被顶板0.8mm厚冷底子油复合层施工新工艺

地下室植被顶板0.8mm厚冷底子油复合层施工新工艺：①涂刷冷底子油之前，检查找平层表面，要求平整、干净。②涂刷冷底子油时，要用力薄涂，厚薄均匀，不得有空白、麻点、气泡等现象。

7. 地下室植被顶板铺贴防水卷材施工新工艺

施工流程：节点部位加强处理→铺设SAM-940聚合物改性沥青防水卷材→搭接卷材→节点密封→揭除SAM-940聚合物改性沥青防水卷材上表面隔离膜→铺贴SBS改性沥青防水卷材附加层→热熔铺贴SBS改性沥青防水卷材→热熔封边→铺贴耐根穿复合胎基防水卷材附加层→热熔铺贴耐根穿复合胎基防水卷材→热熔封边→蓄水试验。

将耐根穿复合胎基防水卷材黏接面对准基准线平铺在基面上，速度不宜过快，以免出现偏差难以纠正。卷材粘贴时，不得用力拉伸。

将耐根穿复合胎基防水卷材剪成相应尺寸，卷好备用。将火焰喷枪点燃，加热基层与卷材交界处，加热要均匀，喷枪距交界处30cm左右，往返加热，趁距卷材的沥青刚刚熔化时将卷材向前滚铺，在滚铺时应立即排除卷材下面的空气，并滚压粘贴到基层上。

将耐根穿复合胎基防水卷材搭接缝处用专用喷枪加热，火焰的方向与操作人员前进方向相反，趁热使二者黏结牢固，以边缘挤出沥青为合格，先封长边，后封短边。

为保证施工质量，SBS改性沥青防水卷材的施工方法采用与耐根穿复合胎基防水卷材的施工相同的方法。完工后，应做蓄水试验，蓄水24h无渗漏为合格。

8. 地下室植被顶板种植土和种植池施工新工艺

按图纸要求进行种植土回填，种植土要求选用植被顶板绿化专用的土壤：轻质的人工基质加入一些直径在5～8mm的轻质颗粒物，比如黏土破碎的颗粒、膨胀珍珠岩、硅藻土颗粒，保证种植土具有较好的通气、透水和保肥能力，控制各类土壤酸碱度。

微地形塑造。首先对回填土方的标高和密实度进行复核，确保景观工程结构稳定和标高正确，其次回填到设计标高，标高误差控制在0.05m，按景观施工图纸标高要求及现场园林景观整体效果进行微地形整理，并进行微地形的塑造。行道树和园景树胸径大于8cm的乔木，保证适合植物生长的土层深度，绿地内回填种植土时应避免重型机械碾轧，种植土的表层用石磙碾轧平整，凹凸不大于2cm，达到设计高程和坡度要求。

中小型种植池采用砖砌体，基础垫层采用防水顶面浇灌混凝土。垫层表面平整，垫层达到一定强度后，方可上人，弹线施工，灰砂砖砌筑。

砌筑用灰砂砖由实验室进行取样试验，合格后方可使用。砌筑前除大堆浇水湿润外，还对砌筑面进行洒水湿润，保证含水率在10%～15%之间。

花岗石压顶工艺流程：基层清扫→刷水泥浆→水泥砂浆找平层撒纯水泥并洒适量的清水→拉线→铺花岗石→清洗地面。石材各边要锯切平直，对缝拼接，缝隙均匀，留缝和勾缝按设计要求。

面砖施工前基层必须清理干净和平整，灰渣和浮土应扫净，不平之处应铲平。

地下室植被顶板大型乔木采用混凝土种植池，先用几块摊铺厚度相同的方木或砖块放在夯实后的素土基础上，然后用人工摊铺碎石料底，尘土要清理出去。再用压碾碾轧，碾速宜慢，每分钟约25～30m。

混凝土工程施工时，严格按照设计要求绑扎池壁钢筋，按照专项方案支设种植池混凝土异形模板。浇筑混凝土时，坍落度严格控制在160mm以内，混凝土要求防水抗渗，混凝土一次性浇筑完毕。

（四）施工质量控制

施工质量控制。①确保防水涂料的密封包装。②涂料应储存在0℃以上，干燥通风并且远离火源的情况下。③对进场的涂料进行严格检查，检验其延伸率、伸长率、柔性、不透水性及耐热。④防水面层如需堆放材料应做到轻拿轻放并用方木进行铺垫。⑤注意防止施工过程中施工机械对防水层的破坏。⑥施工结束后应该注意对成品进行保护。⑦防水层验收合格后，可以在防水层上浇筑细石混凝土或砂浆作为保护层。⑧施工过程中若造成局部防水层损坏，应及时进行处理，采取相应的补救措施。⑨下雨天不对防水层进行施工，已施工的应用塑料布等进行遮盖，干燥后再进行施工。

三、顶置热辐射节能楼面施工技术集成创新

（一）顶置热辐射节能楼面施工集成体系

顶置热辐射节能楼面是新能源供热采暖系统的重要组成部分。随着我国走可持续发展、资源节约型道路，绿色建筑成了有效降低能耗、节能减排的中坚力量，而采用节能、节地、省钱等多种优势的热辐射节能楼面采暖系统的应用将越来越广泛。

顶置热辐射节能楼面采暖，是一种将热辐射盘管埋设于混凝土结构层中下方，管内不断循环流动小于等于60℃的低温热水，进而提高天棚板的温度，上升到28℃左右。天棚板温度上升之后，通过自上而下辐射和对流的方式向室内散热供暖。热辐射盘管中的低温热水由地源热泵机房集中供给。这种供热方式与传统的供热、供暖方式相比有如下优点：①高效节能，热稳定性好，运行费用低。热效率提高20%～30%左右，即可以节省20%～30%能耗。②舒适、卫生、保健。在多种热流的作用下，形成人们感觉最舒适的热环境。③节约空间、美化居室。室内不再安装暖气片及相应的管道等，提高了室内空间的利用率，更加便于装修和家居布置，美化了室内环境。④低温热水辐射楼面（简称热辐射节能楼面）采暖系统将逐步成为住宅建筑供暖的主要方式，其应用前景广泛。

（二）中置式超厚岩棉防火保温层施工关键技术

1. 关键技术

在一些热辐射楼面采暖工程中，设计、施工和运行各阶段均存在一些问题。尤其是施工阶段的技术不先进，严重影响着今后热辐射节能楼面采暖系统的安全性、稳定性。如管网管件损伤、渗漏、耐久性差、流量不稳、管口切口有残渣、管线周边混凝土塑性沉降等问题。

为了防止上述问题的出现，影响工程质量，我们在实际操作中研发出了以下几点关键技术：①高级PB管材地热管网无接口自补偿连弯技术；②热辐射盘管“三防”施工技术（防弯头径失、防水平变位、防正交节点损伤）；

③断口处残渣、毛刺处理技术；④定位卡与异管分离施工技术。

2. 技术特点

无接口自补偿连弯型PB高级管材热辐射管网铺设集成施工技术，控制盘管的围弯、间距定位和接头处理质量，能更有效地防止高温高压下管网渗漏，合理控制流量，延长使用寿命，提升施工质量，节约运行成本。

热辐射盘管的“三防”施工技术，标距线的偏差控制值在±10mm以内，底筋安装的平整度较高，高差的偏差在±5mm以内，均高于现行《地面辐射供暖技术规程》要求。采用了PB高级管材，柔韧性优越，加之不小于12d的围弯半径，保证弯头处无径失。

断口处残渣、毛刺处理技术，能够提升切口平整度，断口面垂直程度，保障了断口畅通、流量不损失，既提高工效，又保证工程质量。

定位卡与异管分离施工技术，能够减少或避免因管体弹性起伏造成的管周混凝土楼盖的塑性沉降裂缝，提升钢筋混凝土楼盖的可靠性和混凝土的耐久性，节约维修费用。

3. 工艺原理分析

无接口自补偿连弯型PB高级管材地热管网敷设集成施工技术，采取直列型连弯回路敷设方式，通过绘制盘管线位走向图及盘管弯曲半径、水平间距、平整度的施工技术集成创新实施，从而达到合理控制流量，避免盘管渗漏、节约运行成本的目的。

集成热辐射盘管“三防”施工技术，即防弯头径失、防水平变位、防正交节点损伤，通过PB高级管材弯曲直径控制新工艺、波纹保护套管、钢筋绑扎定位及尼龙扎带施工控制技术，达到“三防”效果。

集成的断口残渣、毛刺处理技术，采用高级管剪刀垂直切割技术及断口接头保护新工艺，保障了断口平滑、切口平整、无毛刺和残渣。

定位卡与异管分离施工技术，通过定位卡与盘管集成施工技术，在盘管弯头两端设定固定卡，盘管间距固定卡定位施工技术，异管分离卡固，从而限制管线弹性起伏，达到控制混凝土沉降引起的裂缝问题。

4. 施工工艺流程及新施工技术

(1) 施工工艺流程

顶置热辐射节能楼面集成施工技术的主要工艺操作包括主管道安装、盘管定位、涂描盘管线位走向、钢筋绑扎定位、盘管的敷设盘制、盘管打压试验、带压浇筑混凝土、盘管断口处平整处理、正交节点套管保护及结构预留预埋等。

（2）施工新技术

管道布置新工艺。从热工特性的角度出发，在外墙边、窗口等能耗比较高的建筑部位优先布置水温较高的进水管，增大热量消耗比较大的部位的供热量，从而实现温度均衡地传递到室内的效果。

热辐射楼面盘管定位新工艺：①热辐射节能楼面盘管的连弯回路方式常用的回路方式有直列连弯型、旋转连弯型、往复连弯型。旋转型的连弯水管平行布置，管道弯曲半径均为90°，阻力损失较小，但是盘管的线位绘图麻烦，且自补偿性差，不适用于中小房间。往复连弯型的布置比较适用于商场、游泳馆等大面积布置的场合，但均衡性差。直列连弯型的优点是盘管的线位绘图简单，省时省工，温度较高的供水管可以布置在靠墙的外侧，自补偿性好，供热均衡，适用于中小房间，其缺点是管道弯曲半径太小，盘管间距不能太小，且水流180°拐弯，有径缩时会增加系统的阻力。但本工程采用的是PB高级管材（俗称“黄金管”），其柔软性极好，连弯几乎无径失，而且耐温性优良、耐久性强，是世界上最尖端的化学材料之一。②涂描盘管线位图（防热辐射节能楼面盘管水平变位）在土建已支好的模板上，精确描涂盘管线位走向图。

直列连弯型盘管敷设施工要点（无接口连弯敷设）新工艺如下：①钢筋绑扎定位，等待热辐射节能楼面盘管线位走向的漆稍干后按下列方法绑扎楼板结构的底部钢筋，如清理模板上的杂物，弹钢筋位置线；铺设楼板底部钢筋，采用“八字扣”绑扎，所有交点全部绑牢；采用专用垫块，确保楼板钢筋混凝土保护层厚度和钢筋定位。钢筋绑扎定位是盘管定位的保障，对于防止盘管水平、垂直变位作用重大。②顶置热辐射节能楼面盘管的敷设盘制工艺技术，如结构底部钢筋绑扎完毕后将PB管直接按上道工序描绘的线位和走向绑扎在楼板结构的底部钢筋上，楼板结构底部钢筋完成后盘管随即施工；PB管在铺设过程中应按照规范要求控制回路内接头以及管道间距离的偏差，保持整体的平整性以及管道内水流的流通性，弯道处应缓慢弯曲，避免出现硬弯，造成水流不畅，铺设完毕后，应注意对成品的保护，不得随意踩踏；

PB管出楼板及穿梁处要加套管进行保护，套管长度为穿过点前后各不少于0.5m（防正交节点损伤）；根据图纸要求将盘管固定在钢筋下，盘管与钢筋采用尼龙绑扎带进行固定，尼龙扎带直管段间距不大于400mm，转弯处间距不大于200mm（防水平变位）。

热辐射楼面盘管的断口平整处理要点（残渣、毛刺处理技术）：①盘管需要切割时，采用热辐射节能楼面盘管专用剪切工具——高级管剪刀垂直切割，切口断面应平整，无毛刺并垂直于管轴线。②若断口接头处暂时不接设备、支管等，应采取保护措施（如采用胶带密封），以避免杂物进入，堵塞管材，对以后采暖产生不良的后果。

热辐射采暖管道试压、冲洗新工艺：盘管敷设完成以后，应首先对每个回路的管道进行强度密封性实验，实验通过后再进行下一道工序，浇筑混凝土。验收合格后系统压力降至0.8MPa，浇筑混凝土时保持充气压力0.4MPa带压浇筑混凝土（防损伤渗漏）。混凝土完全凝固以后方可进行泄压。

结构预埋、预留施工新工艺（防正交节点损伤）：①根据图纸绘制相应结构留洞、套管图和洞口、套管检查表，供施工和检查使用。加强对图纸的熟悉程度，对本专业管路的走向形成立体的认识。②采暖专业应会同电气、通风、结构等专业技术人员，结合各专业图纸审核预留洞有无冲突的问题，发现问题及时通过设计进行解决。③注意留洞尺寸，必须符合有关规范和设计图中关于间距的要求。④采暖专业人员必须随工程进度密切配合土建专业做好预留洞口工作。注意加强检查管道位置，绝不能有遗漏。⑤为了防止出现遗漏和错留的情况应首先进行间距、尺寸以及位置的核对，待核对完全无误后填写“预留洞交底一览表”，现场施工过程中应严格按照该表实施操作，如有变更应及时与技术、施工人员沟通，及时调整，避免出现错误。⑥浇筑混凝土时应有专人看护，保证盘管完好无损，并按照提前所放施工线路施工。⑦凡属预埋管槽的，其直径与管外径的间隙不得超过30mm，遇有需切断钢筋的情况时，必须预先征得有关部门的同意及采取必要的补救措施后，方可进行后续工作。⑧主管穿梁、穿钢筋混凝土墙时，应预埋套管或预留孔洞。套管和管道净距为20mm。穿楼板的套管下面与楼板齐，上面高出完成地面100mm，安装在墙壁上的套管端头应与饰面相平。⑨预埋上下层钢套管时，中心线需垂直，套管不能直接和主筋焊接，应采取附加筋形式，附加筋和主筋焊接。安装主管的套管时，检验套管的位置是否正确。

5. 施工质量控制

热辐射盘管位于结构楼板内部，一旦出现问题，将很难进行处理，若拆除进行盘管修复，不仅会对热辐射盘管有不良的影响，还会对建筑物的顶板结构造成破坏，因此盘管铺设完成后的成品保护是在施工过程中应重点注意的环节。

控制不得进行焊接等加热作业、埋件尽量采用机械连接，如遇必须在楼板上进行打洞、钻孔时可以先在楼板上进行粘钢处理，避免热辐射盘管遭到破坏。

盘管在敷设过程中避开预留洞口、套管等部位，以免预留部位产生偏位对盘管造成破坏。

采暖、制冷预埋管线工程质量保证措施：盘管铺设完成后，尤其要注意对成品的保护，不得随意行走、踩踏。不得在上面有任何的焊接、加热施工，材料不得随意地堆积在盘管上面，以免盘管遭压迫产生破裂。楼板混凝土建筑过程中，应注意采用平板振捣避免振捣棒对盘管的破坏，并派专人进行现场监督施工，确保铺设完成后的热辐射盘管不会遭到破坏。

再生能源建筑温控体系，在绿色建筑设计上将地源热泵系统、天棚辐射采暖楼面、冷风吸尘系统、加厚A级防火保温板外保温系统等进行组合，施工过程中涉及孔井一体化施工技术；流动载体传输环路的并联设计和集合管流量专门控制体系的施工新技术；动力系统降噪控制技术；热泵循环系统新型自动放气阀防堵罐施工控制技术，将这些技术进行集成，形成了建筑物、温控设备、绿色施工一体化的系统工程，确保了温控体系得以顺利运行。

复合功能植被顶板施工集成体系是将超厚复合层施工技术，耐根穿复合胎基施工技术，天棚网格布找平层刮糙技术，配土、排水与围池种植施工技术等施工技术进行集成，从而解决了复合功能植被顶板存在渗水、漏水、顶棚脱落、种植区下部顶板被植物根系穿透致使防水、保温甚至结构层遭破坏等诸多问题。

中置式超厚岩棉防火保温层施工集成体系是将超厚层专项黏结+工具式加强压固技术、加固加长特质膨胀螺栓固定及岩棉表面耐候处理技术、保温湿作防护干法、内外层一体化设计、施工技术进行集成，在满足了建筑物保温性能的同时保持外墙面的美观性。顶置热辐射节能楼面施工集成体系，是将高级PB管材地热管网无接口自补偿连弯技术；热辐射盘管“三防”施工技术（防弯头径失、防水平变位、防正交节点损伤）；断口处残渣、毛刺处理技术；定位卡与异管分离施工技术四项关键技术进行集成，解决了管网管件损伤、渗漏、耐久性差、流量不稳、管口切口有残渣、管线周边混凝土塑性沉降等问题，将新能源供热采暖系统顺利引入建筑中去，实现打造全生命周期绿色建筑的目的。

第六章 建筑工程施工成本管理

第一节 成本管理概述

一、建筑工程成本管理的概念

建筑工程成本是成本的一种具体形式，是指建筑企业在生产经营中为获取和完成工程所支付的一切代价，即广义的建筑成本。狭义建筑成本的概念，即在项目施工现场所耗费的人工费、材料费、施工机械使用费、现场其他直接费用及项目经理为组织工程施工所发生的管理费用之和。

建筑工程成本管理是指在完成一个工程项目过程中，对所发生的成本费用支出，有组织、有系统地进行预测、计划、控制、核算、考核、分析等进行科学管理的工作，它是以降低成本为宗旨的一项综合性管理工作。成本与利润是两个互相制约的变量，因此，合理降低成本，必然增加利润，就能提供更多的资金满足单位扩大再生产的资金需要，就可以提高单位的经营管理水平，提高企业的竞争能力。因此可以说，进行成本管理是建筑企业改善经营管理，提高企业管理水平，进而提高企业竞争力的重要手段之一。施工企业只有在对项目有安全、质量、工期保证的前提下，不断加强管理，严格控制工程成本，挖掘潜力，降低工程成本，才能取得较多的施工效益，才能使企业在市场竞争中立于不败之地。

二、建筑工程成本的构成

（一）按生产费用计入成本的方法划分

按生产费用计入成本的方法划分，建筑工程成本可分为直接成本和间接成本。

直接成本是指施工过程直接耗费的构成工程形成的各项支出，包括人工费、材料费、机械使用费和其他直接费。所谓其他直接费是指直接费以外施工过程中发生的其他费用。

间接成本是指企业的各项目经理部为施工准备、组织和管理施工生产所发生的全部施工间接费支出。它包括现场管理人员的人工费（基本工资、工资性补贴、职工福利费）、资产使用费、工具用具使用费、保险费、检验试验费、工程保修费、工程排污费以及其他费用等。

（二）按成本发生时间划分

按成本控制需要，从成本发生的时间来划分，可分为预算成本、计划成本和实际成本。

工程预算成本是反映各地区建筑业的平均成本水平。它根据施工图由全国统一的建筑安装工程基础定额和各地区的市场劳务价格、材料价格信息及价差系数，并按有关取费的指导性费率进行计算。预算成本是确定工程造价的基础，也是编制计划成本和评价实际成本的依据。

工程计划成本是指建筑工程项目经理部根据计划期的有关资料，在实际成本发生前预先计算的成本。如果计划成本做得更细、更周全，最终的实际成本降低的效果会更好。

工程实际成本是建筑工程项目在报告期内实际发生的各项生产费用的总和。不管计划成本做得多么细致、周全，如果实际成本未能很好地及时得到编制，那么根本无法对计划成本与实际成本加以比较，也无法得出真正成本的节约或超支，也就无法反映各种技术水平和技术组织措施的贯彻执行情况和企业的经营效果。所以，项目应在各阶段快速、准确地列出各项实际成本，从计划与实际的对比中找出原因并分析原因，最终找出更好地节约成本的途径。另外，将实际成本与预算成本比较，可以反映工程盈亏情况。①

三、建筑工程成本管理的作用

（一）建筑工程成本管理是项目成功的关键

建筑工程成本管理是项目成功的关键，是贯穿项目全生命周期各阶段的

①梁波．建筑工程施工成本控制探讨[J]．散装水泥，2024（5）：178-180.

重要工作。对于任何项目，其最终的目的都是想要通过一系列的管理工作来取得良好的经济效益。而任何项目都具有一个从概念、开发、实施到收尾的生命周期，这期间会涉及业主、设计、施工、监理等众多单位和部门，它们有各自的经济利益。例如，在概念阶段，业主方要进行投资估算并进行项目经济评价，从而做出是否立项的决策。在招标投标阶段，业主方要根据设计图纸和有关部门规定来计算发包造价，即标的。承包方要通过成本估算来获得具有竞争力的报价。在设计和实施阶段，项目成本控制是确保将项目实际成本控制在项目预算范围内的有力措施。这些工作都属于项目成本管理的范畴。

（二）有利于对不确定性成本的全面管理和控制

受到各种因素的影响，项目的总成本一般都包含三部分内容。其一是确定性成本，它的数额大小以及发生与否都是确定的。其二是风险性成本，对此人们只知道它发生的概率，但不能肯定它是否一定会发生。其三是完全不确定性成本，对它们既不知道其是否会发生，也不知道其发生的概率分布情况。这三部分不同性质的成本合在一起，就构成了一个项目的总成本。由此可见，项目成本的不确定性是绝对的，确定性是相对的。这就要求在项目的成本管理中除了要考虑对确定性成本的管理外，还必须同时考虑对风险性成本和完全不确定性成本的管理。对于不确定性成本，可以依赖于加强预测和制订附加计划法或用不可预见费来加以弥补，从而实现整个项目的成本管理目标。

第二节 成本管理的原则

一、全面性的原则

成本管理的全面性原则包括以下三个方面的内容。

（一）全过程成本管理

全过程成本管理是在工程项目确定以后，自施工准备开始，经过工程施工，到竣工交付使用后的保修期结束，整个过程都要实行成本管理。

（二）全方位成本管理

全方位成本管理不能单纯地强调降低成本，必须兼顾各方面的利益，既要考虑国家利益，又要考虑集体利益和个人利益。既要考虑眼前利益，更要考虑长远利益。因此，在成本管理中，绝不能片面地为了降低成本而不顾工程质量，靠偷工减料、减少设备投入等手段，以牺牲企业的成员利益、整体利益和形象为代价，来换取一时的成本降低。

（三）全员成本管理

成本是一项综合性很强的指标，涉及企业内部各个部门、各个单位和全体职工的工作业绩。要想降低成本，提高企业的经济效益，必须充分调动企业广大职工“控制成本，关心降低成本”的积极性和参与成本管理的意识，做到上下结合，专业控制与群众控制相结合，人人参加成本控制活动，个个有成本控制指标，积极创造条件，逐步实行成本否决。这是能否实现全面成本管理的关键。

二、责权利相结合的原则

在确定项目经理和制订岗位责任制时，就决定了从项目经理到每一个管理者和操作者，都有自己所承担的责任，而且被授予了相应的权力、给予了一定的利益，这就体现了责权利相结合的原则。“责”是指完成成本控制指标的责任。“权”是指责任承担者为了完成成本控制目标所必须具备的权限。“利”是指根据成本控制目标完成的情况，给予责任承担者相应的奖惩。在成本控制中，有“责”就必须有“权”，否则就完不成分担的责任，起不到控制作用。有“责”还必须有“利”，否则就缺乏推动履行责任的动力。总之，在项目的成本管理过程中，必须贯彻责权利相结合的原则，调动管理者的积极性和主动性，使成本管理工作做得更好。①

三、统一领导和分级管理相结合的原则

统一领导和分级管理相结合，是正确处理企业内部各方面关系的良好形式，也是成本费用控制的基本原则。这一原则包括两个方面的内容：一是正

①徐宁．建筑施工企业成本管理的现状与改进策略[J]．商业2.0，2024（24）：36-38.

确处理建设单位与施工单位内部各级组织在成本费用控制中的关系，把施工中各个环节的各级组织成本费用控制结合起来。二是正确处理财务部门同经营计划、施工技术、安全劳保、劳动工资、物资管理、行政管理等部门在成本费用控制中的关系。根据统一领导和分级管理相结合的原则，要求各施工企业实行目标成本控制方法。企业应制订切合实际的成本费用目标，并将其层层分解落实到各部门、各基层单位和各岗位，从而明确各部门、各基层单位和各岗位对于成本费用管理的权限和责任以及相应的经济利益，充分调动各方面的积极性，实施全过程、全员的成本费用控制，做到成本费用发生到哪里就由哪里负责。

第三节 成本管理中应采取的措施

一、建筑工程项目全过程成本管理

真正要使项目成本达到目标要求，必须做好项目成本控制。由于项目管理是一次性行为，它的管理对象只有一个工程项目，且随着工程项目建设的完成而结束其历史使命。在施工期间，项目成本能否降低，有无经济效益，得失在此一举，别无回旋余地，有很大的风险性。为确保项目盈利，成本控制不仅必要而且必须做好。施工项目成本控制的目的，在于降低项目成本，提高经济效益。然而，项目成本的降低，除了控制成本支出以外，还必须增加工程预算收入。因为，只有在增加收入的同时节约支出，才能提高施工项目成本的降低水平。

（一）建筑工程项目招标阶段的管理

1. 招标阶段的管理

根据工程概况和招标文件，联系建筑市场和竞争对手的情况，进行成本预测，提出投标决策意见。

2. 中标后的管理

中标以后，应根据项目的建设规模，组建与之相适应的项目经理部，同时以“标书”为依据确定项目的成本目标，并下达给项目经理部。

（二）施工准备阶段的管理

根据设计图纸和有关技术资料，对施工方法、施工顺序、作业组织形式、机械设备选型、技术组织措施等进行认真的分析研究，并运用价值工程原理，制订出科学、先进、经济、合理的施工方案。

根据企业下达的成本目标，以分部分项工程实物工程量为基础，联系劳动定额、材料消耗定额和技术组织措施的节约计划，在优化后的施工方案的指导下，编制明细而具体的成本计划，并按照部门、施工队和班组的分工进行分解，作为部门、施工队和班组的责任成本落实下去，为今后的成本控制做好准备。

间接费用预算的编制及落实。根据项目建设时间的长短和参加建设人数的多少，编制间接费用预算，并对上述预算进行明细分解，以项目经理部有关部门（或业务人员）责任成本的形式落实下去，为今后的成本控制和绩效考评提供依据。①

（三）施工过程的管理

加强施工任务单和限额领料单的管理。特别要做好每一个分部分项工程完成后的验收，以及实耗人工、实耗材料的数量核对，以保证施工任务单和限额领料单的结算资料绝对准确，为成本控制提供真实、可靠的数据。

将施工任务单和限额领料单的结算资料与施工预算进行核对，计算分部分项工程的成本差异，分析差异产生的原因，并采取有效的纠偏措施。做好月度成本原始资料的收集和整理，正确计算月度成本，分析月度预算成本与实际成本的差异。

在月度成本核算的基础上，实行责任成本核算。

经常检查对外经济合同的履行情况，为顺利施工提供物质保障。

定期检查各责任部门和责任者的成本控制情况，检查成本控制责权利的落实情况。

（四）竣工验收阶段的成本管理

精心安排，干净利落地完成工程竣工扫尾工作。

重视竣工验收工作，顺利交付使用。及时办理工程结算。

工程保修期间，由项目经理指定保修工作的责任人，并责成保修责任人

①金莉莉．建筑企业成本管理存在的问题及对策[J]．上海企业，2024（11）：85-87.

根据实际情况提出保修计划（包括费用计划），以此作为控制保修费用的依据。

二、建立以项目经理为核心的项目成本管理体系

（一）以项目经理为核心的成本管理体系的建立

施工项目的成本管理，不仅仅是专业成本管理人员的责任，所有的项目管理人员，特别是项目经理，都要按照自己的业务分工各负其责。强调成本控制，一方面，是因为成本指标的重要性，是诸多经济指标中的必要指标之一。另一方面，还在于成本指标的综合性和群众性，既要依靠各部门、各单位的共同努力，又要由各部门、各单位共享降低成本的成果。为了保证项目成本控制工作的顺利进行，需要把所有参加项目建设的人员组织起来，并按照各自的分工开展工作。

项目经理负责制是项目管理的特征之一。项目经理负责制要求项目经理对项目建设的进度、质量、成本、安全和现场管理标准化等工作全面负责，特别要把成本控制放在首位，因为成本失控，必然影响项目的经济效益，难以完成预期的成本目标，更无法向上级和职工交代。

（二）建立项目成本管理责任制

项目管理人员的成本责任，不同于工作责任。有时工作责任已经完成，甚至还完成得相当出色，但成本责任却没有完成。例如，项目工程师贯彻工程技术规范认真负责，对保证工程质量起了积极的作用，但往往强调了质量，忽视了节约，影响了成本。又如，材料员采购及时，供应到位，配合施工得力，值得赞扬，但在材料采购时就远不就近，就次不就好，就高不就低，既增加了采购成本，又不利于工程质量。因此，应该在原有职责分工的基础上，进一步明确成本控制责任，使每一个项目管理人员都有这样的认识。在完成工作责任的同时还要为降低成本精打细算，为节约成本开支严格把关。这里所说的成本控制责任制是指各项目管理人员在日常业务中对成本控制应尽的责任。要求根据实际整理成文，并作为一种制度加以贯彻。

（三）施工队分包成本管理的责任制

在管理层与劳务层两层分离的条件下，项目经理部与施工队之间需要通

过劳务合同建立发包与承包关系。在合同履行过程中，项目经理部有权对施工队的进度、质量、安全和现场管理标准进行监督，同时按合同规定支付劳务费用。至于施工队成本的节约或超支，属于施工队自身的管理范畴，项目经理部无权过问，也不应该过问。

第七章 建筑工程施工安全管理

第一节 安全管理概述

一、建筑工程安全管理的概念

（一）安全

安全是指没有危险、不出事故的状态。其包括人身安全、设备与财产安全、环境安全等。通俗地讲，安全就是指安稳，即人的平安无事，物的安稳可靠，环境的安定良好。

美国著名学者马斯洛的需求理论把需求分成生理需求、安全需求、社交需求、尊重需求和自我实现需求五类，依次由较低层次到较高层次进行排列。即人类在满足生存需求的基础上，谋求安全的需要，这是人类要求保障自身安全、摆脱失业和丧失财产威胁、避免职业病的侵袭等方面的需要。

可见安全对我们来说，极为重要，离开了安全，一切都失去了意义。

（二）安全生产

安全生产就是指在劳动生产过程中，通过努力改善劳动条件，克服不安全因素，防止伤亡事故发生，使劳动生产在保障劳动者安全健康和国家财产不受损失的前提下顺利进行。

安全生产一直以来是我国的重要国策。安全与生产的关系可用“生产必须安全，安全促进生产”这句话来概括。二者是有机的整体，不能分割更不能对立。

对国家来说，安全生产关系到国家的稳定、国民经济健康持续的发展以及构建和谐社会目标的实现。

对社会来说，安全生产是社会进步与文明的标志。一个伤亡事故频发的社会不能称为文明的社会。

对企业来说，安全生产是企业效益的前提。一旦发生安全生产事故，将会造成企业有形和无形的经济损失，甚至会给企业造成致命的打击。

对家庭来说，一次伤亡事故，可能造成一个家庭的支离破碎。这种打击往往会给家庭成员带来经济、心理、生理等多方面的创伤。

对个人来说，最宝贵的便是生命和健康，而频发的安全生产事故使生命和健康受到严重的威胁。

由此可见，安全生产的意义非常重大。“安全第一，预防为主”早已成为我国安全生产管理的基本方针。

（三）安全管理

管理是指在某组织中的管理者，为了实现组织既定目标而进行的计划、组织、指挥、协调和控制的过程。

安全管理可以定义为管理者为实现安全生产目标对生产活动进行的计划、组织、指挥、协调和控制的一系列活动，以保护员工的安全与健康。

建筑工程安全管理是安全管理原理和方法在建筑领域的具体应用。所谓建筑工程安全管理，是指以国家的法律法规、技术标准和施工企业的标准及制度为依据，采取各种手段，对建筑工程生产的安全状况实施有效制约的一切活动，是管理者对安全生产进行建章立制，进行计划、组织、指挥、协调和控制的一系列活动，是建筑工程管理的一个重要部分。它包括宏观安全管理和微观安全管理两个方面。

宏观安全管理主要是指国家安全生产管理机构以及建设行政主管部门从组织、法律法规、执法监察等方面对建设项目的安全生产进行管理。它是一种间接的管理，同时也是微观管理的行动指南。实施宏观安全管理的主体是各级政府机构。

微观安全管理主要是指直接参与对建设项目的安全管理，它包括建筑企业、业主或业主委托的监理机构、中介组织等对建筑项目安全生产的计划、组织、实施、控制、协调、监督和管理。微观管理是直接的、具体的，它是安全管理法律法规以及标准指南的体现。实现微观安全管理的主体主要是施工企业及其他相关企业。[①]

①梁涛．建筑工程施工安全管理存在的问题及解决策略[J]．城市建设理论研究（电子版），2024（28）：49-51.

宏观和微观的建筑安全管理对建筑安全生产都是必不可少的，它们是相辅相成的。为了保护建筑业从业人员的安全，保证生产的正常进行，就必须加强安全管理，消除各种危险因素，确保安全生产。只有抓好安全生产，才能提高生产经营单位的安全程度。

（四）安全管理在项目管理中的地位

建筑工程安全管理对国家发展、社会稳定、企业盈利、人民安居有着重大意义，是工程项目管理的内容之一。质量、成本、工期、安全是建筑工程项目管理的四大控制目标。

安全是质量的基础。只有良好的安全措施保证，作业人员才能较好地发挥技术水平，质量也就有了保障。

安全是进度的前提。只有在安全工作完全落实的条件下，建筑业在缩短工期时才不会出现严重的安全事故。

安全是成本的保证。安全事故的发生必会给建筑企业和业主带来巨大的经济损失，工程建设也无法顺利进行。

这四个目标互相作用，形成一个有机的整体，共同推动项目的实施。只有四大目标统一实现，项目管理的总目标才得以实现。

二、建筑工程安全管理的特点

第一，管理面广。由于建设工程规模较大，生产工艺复杂、工序多，遇到不确定因素多，安全管理工作涉及范围广，控制面广。

第二，管理的动态性。建设工程项目的单件性使得每项工程所处的条件不同，所面临的危险因素和防范措施也会有所不同。有些工作制度和安全技术措施也会有所调整，员工需要有个熟悉的过程。

第三，管理系统的交叉性。建设工程项目是开放系统，受自然环境和社会环境影响很大，安全控制需要把工程系统和环境系统及社会系统结合起来。

第四，管理的严谨性。安全状态具有触发性，其控制措施必须严谨，一旦失控，就会造成损失和伤害。

三、建筑工程安全管理的意义

第一，做好安全管理是防止伤亡事故和职业危害的根本对策。

第二，做好安全管理是贯彻落实“安全第一，预防为主”方针的基本保证。

第三，有效的安全管理是促进安全技术和劳动卫生措施发挥应有作用的动力。

第四，安全管理是施工质量的保障。

第五，做好安全管理，有助于改进企业管理，全面推动企业各方面工作的进步，促进经济效益的提高。安全管理是企业管理的重要组成部分，与企业的其他管理密切联系、互相影响、互相促进。

第二节 施工安全控制

一、土方工程安全控制技术

土方工程是建筑工程的先导工程，是建筑施工主要的工种工程之一。它的施工过程包括土的开挖、运输、回填压实等施工过程。

土方工程多为露天作业，施工受当地气候条件的影响大，且土的种类繁多，成分复杂，工程地质及水文地质变化多，其对施工影响较大，不可确定的因素较多，加之施工条件复杂，稍有不慎易造成塌方、高处坠落、机械伤害等安全事故。因此，土方工程施工前，应对施工现场的条件进行充分的调查，并根据相关资料分析基坑周边环境因素，制订合理的土方工程施工方案，以确保施工安全。

（一）土方开挖安全技术

1. 土方工程施工方案

基坑土方开挖前，必须制订合理的施工方案，熟悉地形地貌，了解和分析基坑周边环境因素，根据地质勘探资料了解土层结构，根据基坑（槽）深度，制订相应的安全技术措施，确保施工安全。按照土方工程的深度、地下水位、土质情况及作业形式不同，需制订不同的施工方案，采取不同的安全措施。《建筑施工安全检查标准》（JGJ59—2011）对基坑土方工程的施工方案提出了以下具体要求：①基坑工程施工应编制专项施工方案，开挖深度超过3m或虽未超过3m但地质条件和周边环境复杂的基坑土方开挖、支护、降水工程，应单独编制专项施工方案。②专项施工方案应按规定进行审核、审批。③开挖深度超过5m的基坑土方开挖、支护、降水工程或开挖深度虽未超过5m，但地质条件、周围环境复杂的基坑土方开挖、支护、降水工程专项施工方案，应组织专家进行论证。④当基坑周边环境或施工条件发生变化时，专项施工方案应重新进行审核、审批。

2. 土方开挖的一般安全技术

施工前，应对施工区域内影响施工的各种障碍物，如建筑物、构筑物、道路、管线、旧基础、坟墓、树木等，进行拆除、清理或迁移，确保安全施工。不能拆除或迁移时应尽量避开，在现场电力、通信电缆、燃气、热力、给排水等管道2m范围内施工，应采取安全保护措施，并设专人监护。①

必要时应进行工程施工地质勘探，根据土质条件、地下水位、开挖深度、周边环境及基础施工方案等确定基坑（槽）安全边坡，制订固壁施工支护方案。

当地质情况良好、土质均匀、地下水位低于基坑（槽）底面标高，且挖方深度在5m以内时，可不加支撑，此时边坡最大坡度应按表7-1规定确定。

表7-1 深度在5m以内（包括5m）的基坑（槽）边不加支撑的最大坡度

土的类别	边坡坡度(高:宽)		
	坡顶无荷载	坡顶有静载	坡顶有动载
中密的砂土	1:1.00	1:1.25	1:1.50
中密的碎石类土(填充物为砂土)	1:0.75	1:1.00	1:1.25
硬塑的粉土	1:0.67	1:0.75	1:1.00
中密的碎石类土(填充物为黏土)	1:0.50	1:0.67	1:0.75
硬塑的粉质黏土、黏土	1:0.33	1:0.50	1:0.67
老黄土	1:0.10	1:0.25	1:0.33

①詹晖，曾维新，关健，等. 深基坑土方工程安全技术分析[J]. 建筑技术开发，2021，48（11）：157-158.

续表

土的类别	边坡坡度(高:宽)		
	坡顶无荷载	坡顶有静载	坡顶有动载
软土(经井点降水后)	1:1.00	—	—

注:①静载是指堆土或材料等。动载是指机械挖土或汽车运输作业等。②若有成熟的经验或科学的理论计算并经实验证明者,可不受本表限制。

当天然冻结的速度和深度能确保挖土的安全操作时，深度4m以内的基坑（槽）开挖可以采用天然冻结法垂直开挖而不加设支撑，但干燥的砂土严禁采用冻结法施工。

土方开挖宜从上到下分层分段依次进行。人工开挖时，两个人横向操作间距应保持2~3m，纵向间距不得小于3m，并应自上而下逐层挖掘，严禁采用掏空法（挖神仙土）进行挖掘操作。机械开挖时，两机间距应大于10m，并严格控制开挖面坡度和分层厚度，防止边坡和挖土机下的土体活动，且应至少保留0.3m厚土层不挖，最后由人工修挖至设计标高。

施工机械与基坑边沿的安全距离应符合设计要求。机械应停在坚实的地基上，距坑沟边沿不得小于2m，如地基过差，应采取走道板等加固措施。运土汽车不宜靠近基坑平行行驶，载重汽车与坑沟边沿距离不得小于3m。塔式起重机等振动较大的机械与坑沟边沿距离不得小于6m，防止塌方翻车。

基坑边堆置土体、料具等荷载应在基坑支护设计允许范围内。当土质良好时，要距坑边1m以外，堆放高度不能超过1.5m。

上下垂直作业应按规定采取有效的防护措施。作业人员上下槽、坑、沟应先挖好阶梯或设木梯，不应踩踏土壁及支撑上下。梯道应设置扶手栏杆，梯道的宽度不应小于1m。在坑内作业，可根据坑的大小设置专用通道。施工间歇时不得在基坑脚下休息。

施工作业区域应采光良好，不论是白天还是夜间施工，均应设置足够的电器照明，电器照明应符合《施工现场临时用电安全技术规范》(JGJ 46—2005）的有关规定。

挖土时要随时注意土壁的变化情况，如发现有裂纹或部分坍落现象，要及时进行支撑或改缓放坡，并注意支撑的稳固和边坡的变化。

3.特殊土方开挖的安全技术

(1)斜坡土挖方

土坡坡度要根据工程地质和土坡高度，结合当地同类土体的稳定坡度值确定；随时做成一定的坡势以利泄水，且不应在影响边坡稳定的范围内积水。

斜坡弃土应满足以下相关要求：在斜坡上方弃土时，应保证挖方边坡的稳定。弃土堆应连续设置，其顶面应向外倾斜，以防山坡水流入挖方场地；但坡度陡于20%或在软土地区，禁止在挖方上侧弃土。

在挖方下侧弃土时，要将弃土堆表面整平，并向外倾斜，弃土表面要低于挖方场地的设计标高，或在弃土堆与挖方场地间设置排水沟，防止地表水流入挖方场地。

(2)滑坡地段挖方

施工前先了解工程地质勘察资料、地形、地貌及滑坡迹象等情况。

尽量在旱季完成抗滑挡土墙施工，挡土墙基槽的开挖应分段进行，并加设支撑，开挖一段做好一段挡土墙。雨季不宜进行滑坡地段的挖方施工，同时不应破坏挖方上坡的自然植被，并要事先做好地面和地下排水设施。

应遵循“先整治后开挖”的施工顺序，严禁先切除坡脚。开挖过程中如发现滑坡迹象（如裂缝、滑动等）时，应暂停施工。必要时，所有人员和机械要撤至安全地点。

(3)软土地区基坑挖方

施工前必须做好地面排水和降低地下水位工作，地下水位应降低至基底以下0.5~1.0m后，方可开挖。降水工作应持续至回填完毕。

相邻基坑（槽）或管沟开挖时，应遵循先深后浅或同时进行的施工顺序，并应及时做好基础。

分层挖土过程中，应注意基坑土体的稳定，加强土体变形监测，防止由于挖土过快或边坡过陡使基坑中卸载过速、土体失稳等原因而引起桩身上浮、倾斜、位移、断裂等事故。

基坑（槽）开挖后，应尽量减少对基土的扰动。如基础不能及时施工，可在基底标高以上留0.1~0.3m土层不挖，待做基础前再挖除。

(4) 膨胀土地区挖方

开挖前要做好排水工作，防止地表水、施工用水和生活废水浸入施工现场或冲刷边坡。

开挖后的基土不允许受烈日暴晒或水浸泡。

土方开挖、垫层铺设、基础施工及土方回填等工序要连续进行。

采用砂垫层时，要先将砂浇水至饱和后再铺填夯实，不能采用在基坑（槽）或管沟内浇水使砂沉落的方法进行施工。

4. 基坑防坠落安全技术

深度超过2m的基坑施工，周边必须安装防护栏杆，防护栏杆的规格、杆件连接、搭设方式等必须符合《建筑施工高处作业安全技术规范》（JGJ 80—2016）的规定；必要时应设置警示标志，配备监护人员。

降水井口应设置防护盖板或围栏，并应设置明显的警示标志。夜间施工时，施工现场应根据需要安装照明设施，在危险地段应设置红灯警示。

在基坑内，无论是在坑底作业，还是攀登作业或悬空作业，均应有安全的立足点和防护措施。

基坑较深，需要上下垂直同时作业的，应根据垂直作业层搭设作业架，各层用钢、木、竹板隔开，或采用其他有效的隔离防护措施，防止上层作业人员、土块或其他工具坠落伤害下层作业人员。

5. 基坑降水

在地下水位较高的地区进行基础施工时，降低地下水位是一项非常重要的技术手段。

当基坑无支护结构防护时，通过降低地下水位保证基坑边坡稳定，防止地下水涌入坑内，阻止流沙现象发生。此时，降水会将基坑内外的局部水位同时降低，对基坑外周围建筑物、道路、管线会造成不利影响，设计时应充分考虑。

当基坑有支护围护时，一般仅通过坑内降水来降低地下水位。有支护结构围护的基坑，由于围护体的降水效果较好，且隔水帷幕伸入透水性差的土层一定深度，这种情况下降水类似盆中抽水。当封闭式的基坑内降水到一定的时间，待降水深度范围内的土体几乎无水可降时，降水的目的也就达到了。降水过程中应注意：①土方开挖前应保证一定时间的预抽水。②降水深度必须考虑隔水帷幕的深度，防止产生管涌现象。③降水过程中，必须与坑外观测井的监测密切配合，用观测数据来指导降水施工，避免隔水帷幕渗漏，在降水过程中影响周围环境。④注意施工用电安全。

（二）基坑支护安全技术

国家有关部门提出，深基坑支护要进行结构设计，深度超过3m或虽未超过3m但地质条件和周边环境复杂的基坑支护工程，应单独编制专项施工方案；深度超过5m或虽未超过5m但地质条件和周围环境复杂的基坑支护工程专项施工方案，应组织专家进行论证。

1. 基坑支护的安全等级

基坑支护设计时，应综合考虑基坑周边环境、地质条件的复杂程度、基坑深度等因素，按表7-2确定支护结构的安全等级。对同一基坑的不同部位，可采用不同的安全等级。

表7-2　支护结构的安全等级

安全等级	破坏后果	重要性系数
一级	支护结构失效、土体过大变形对基坑周边环境或主体结构施工安全的影响很严重	1.10
二级	支护结构失效、土体过大变形对基坑周边环境或主体结构施工安全的影响严重	1.00
三级	支护结构失效、土体过大变形对基坑周边环境或主体结构施工安全的影响不严重	0.90

2. 基坑支护的选择

基坑的支护结构形式主要有支挡式结构支护（包括排桩、锚杆、支撑式及地下连续墙）、土钉墙支护、重力式挡墙结构支护等，各种支护结构的选择应综合考虑基坑深度、土的性状、地下水条件、基坑周边环境、基础形式、支护结构施工工艺、施工场地条件、经济指标、环保性能和施工工期等多方面因素。

3. 基坑支护的安全技术

支护必须按设计位置进行安装，施工过程严禁随意变更，并应切实使围檩与挡土桩墙结合紧密。挡土板或板桩与坑壁间的回填土应分层回填夯实。

支护的安装和拆除顺序必须与设计工况相符合，并与土方开挖和主体工程的施工顺序相配合。分层开挖时，应先支撑后开挖；同层开挖时，应边开挖边支撑。

支护拆除前，应采取换撑措施，防止边坡卸载过快。

钢筋混凝土支护强度必须达到设计要求（或达75%）后，方可开挖支撑面以下土方。

钢结构支护必须严格材料检验和保证节点的施工质量，严禁在超负荷状态下进行焊接。

寒冷地区基坑设计应考虑土体冻胀力的影响。

应合理布置锚杆的间距与倾角，锚杆上下间距不宜小于2.0m，水平间距不宜小于1.5m；锚杆倾角宜为15°~25°，且不应大于45°。最上一道锚杆覆土厚度不得小于4m。

锚杆的实际抗拔力除经计算外，还应按规定方法进行现场试验后再确定；可采取提高锚杆抗力的二次压力灌浆工艺。

采用逆作法施工时，要求其外围结构必须有自防水功能。基坑上部机械挖土的深度，应按地下墙悬臂结构的应力值确定；基坑下部封闭施工，应采取通风措施；当采用电梯间作为垂直运输的井道时，对洞口楼板的加固方法应由工程设计确定。

采用逆作法施工时，应合理解决支撑上部结构的单柱单桩与工程结构的梁柱交叉及节点构造并在方案中预先设计。当采用坑内排水时，必须保证封井质量。

（三）基坑支护的监测

在进行基坑支护结构的施工和使用过程中，要做好相应的监测工作，这对稳定土壁，防止边坡塌方，保证基坑工程安全起到重要作用。

1. 基坑支护的监测内容

基坑支护的监测应根据支护结构类型和地下水的控制方法，按表7-3所示要求选择基坑监测项目，并应根据支护结构构件、基坑周边环境的重要性及地质条件的复杂性确定监测点部位及数量。选用的监测项目及其监测部位应能够反映支护结构的安全状态和基坑周边环境受影响的程度。

表7-3　基坑监测项目选择

监测项目	支护结构的安全等级		
	一级	二级	三级
支护结构顶部水平位移	应测	应测	应测
基坑周边建(构)筑物、地下管线、道路沉降	应测	应测	应测
坑边地面沉降	应测	应测	宜测
支护结构深部水平位移	应测	应测	选测
锚杆拉力	应测	应测	选测
支撑轴力	应测	宜测	选测
挡土构件内力	应测	宜测	选测
支撑立柱沉降	应测	宜测	选测
支护结构沉降	应测	宜测	选测
地下水位	应测	应测	选测
土压力	宜测	选测	选测
孔隙水压力	宜测	选测	选测

注:表内各监测项目中,仅选择实际基坑支护形式所含有的内容。

2.基坑支护的监测要求

在基坑开挖过程与支护结构使用期内，必须进行上述相关内容的监测。具体监测要求如下：①基坑开挖前应做出系统的开挖监控方案，监控方案应包括监控目的、监控项目、监控报警值、监控方法及精度要求、检测周期、工序管理和记录制度以及信息反馈系统等。②监控点的布置应满足监控要求。在基坑边线以外1～2倍开挖深度范围内需要保护的物体均应作为保护对象。③监测项目在基坑开挖前应测得始值，且不应少于两次。基坑监测项目的监控报警值应根据监测对象的有关规范及支护结构设计要求确定。④各项监测的时间可根据工程施工进度确定。当变形超过允许值，变化速率较大时，应加密观测次数。当有事故征兆时应连续监测。⑤基坑开挖监测过程中应根据设计要求提供阶段性监测结果报告。工程结束时应提交完整的监测报告，报告内容应包括：工程概况、监测项目、各监测点的平面和立面布置图、采用的仪器设备、监测方法、监测数据的处理方法、监测过程曲线、监测结果评价等。⑥基坑监测数据、现场巡查结果应及时整理和反馈。当出现下列危险征兆时应立即报警：支护结构位移达到设计规定的位移限值，且有继续增长的趋势。支护结构位移速率增长且不收敛。支护结构构件的内力超过其设计值。基坑周边建筑物、道路、地面的沉降达到设计规定的沉降限值，且有继续增长的趋势；基坑周边建筑物、道路、地面出现裂缝，或其沉降、倾斜达到相关规范的变形允许值。支护结构构件出现影响整体结构安全性的损坏。基坑出现局部坍塌。开挖面出现隆起现象。基坑出现流沙、管涌现象。

二、脚手架工程安全控制技术

脚手架是为建筑施工而搭设的用于上料、堆料、作业、安全防护、垂直和水平运输的结构架，它是施工现场应用最为广泛、使用最为频繁的一种临时结构设施。脚手架随建筑物的升高而逐层搭设，完工后再逐层拆除。建筑、安装工程都需要借助脚手架来完成，是建筑施工中必不可少的辅助设施。由于其使用频率高，施工现场环境复杂，脚手架成为建筑施工中安全事故的多发部位，也是施工安全控制的重点。

（一）脚手架工程安全生产要求

1. 脚手架工程施工方案

脚手架搭设之前，应根据工程的特点和施工工艺确定脚手架搭设专项施工方案，并附设计计算书，经企业技术负责人审批并报监理工程师批准。脚手架施工方案应包括基础处理、搭设要求、杆件间距、连墙杆设置位置及连接方法，并绘制施工详图及大样图，以及脚手架的搭设和拆除的时间和顺序等内容。

施工现场的脚手架必须按照施工方案进行搭设，因故改变脚手架类型时，必须重新修改脚手架施工方案，并经审批后方可施工。

2. 脚手架安全生产的一般要求

脚手架搭设前必须根据工程的特点，按照规范、规定，制订施工方案和搭设的安全技术措施。

脚手架的搭设和拆除属特种作业，必须由特种作业人员安全技术培训考核合格，领取特种作业人员操作证的专业架子工进行脚手架的搭设和拆除；

并且作业时必须佩戴安全帽和安全带，脚穿防滑鞋。

脚手架搭设前，工地施工员或安全员应根据施工方案和脚手架检查评分表的检查项目及扣分标准，并结合相关要求，完成书面交底资料，向持证上岗的架子工进行交底。

大雾、雨、雪天气和6级以上大风时，不得进行脚手架上的高处作业。雨、雪天气过后作业时，必须采取安全防滑措施。钢管脚手架的高度超过周围建筑物或在雷暴较多的地区施工时，应安设防雷装置，其接地电阻应不大于4Ω。

进行脚手架搭设作业时，应按形成基本构架单元的要求逐排、逐跨和逐步地进行搭设，矩形建筑周边脚手架宜从其中的一个角部开始向两个方向延伸搭设，以确保已搭部分稳定。脚手架分段搭设完毕后，必须经施工负责人组织有关人员按照施工方案及规范的要求进行检查验收。

门式脚手架及其他纵向竖立面刚度较差的脚手架，在连墙点设置层宜加设纵向水平长横杆与连接件连接。

架上作业荷载应满足规范或设计规定的荷载要求，严禁超载。一般结构脚手架不超过3kN/m^2，装修脚手架不超过2kN/m^2，围护脚手架不超过1kN/m^2。架面荷载尽量均匀分布，避免荷载集中于一侧。过梁等墙体构件、较重的施工设备均不得存放在脚手架上；严禁将模板支撑、缆风绳、泵送混凝土及砂浆的输送管等固定在脚手架上；严禁任意悬挂起重设备。

搭设脚手架所用的各种材料（包括杆件、扣件、脚手板、悬挑梁等）的材质、规格必须符合有关规范和施工方案的规定，并应有试验报告。

脚手架经验收合格应办理验收手续，填写脚手架底层搭设验收表、脚手架中段验收表、脚手架顶层验收表，有关人员签字后，方准使用。验收不合格的应立即进行整改。对检查结果及整改情况，应按实测数据进行记录，并由检测人员签字。

3. 脚手架的安全构造要求

钢管脚手架中，扣件式单排架搭设高度不宜超过24m，扣件式双排架一般不宜超过50m，门式架不宜超过60m。木脚手架中单排架不宜超过20m，双排架不宜超过30m。竹脚手架中不得搭设单排架，双排架不宜超过35m。脚手架还应满足下列构造要求。

单双排脚手架的立杆纵距及水平杆步距不应大于2.1m，立杆横距不应大于1.6m。应按规定的间隔采用连墙件（或连墙杆）与主体结构连接，且在脚手架使用期间不得拆除。沿脚手架外侧应设剪刀撑，并与脚手架同步搭设和拆除。当双排扣件式钢管脚手架的搭设高度超过24m时，应设置横向斜撑。

门式钢管脚手架的顶层门架上部、连墙体设置层、防护棚设置处均应设置水平架。

竹脚手架应设置顶撑杆，并与立杆绑扎在一起顶紧横向水平杆。

脚手架高度超过40m，且有风涡流作用时，应设置抗风涡流上翻作用的连墙措施。

脚手板必须按脚手架宽度铺满、铺稳，脚手板与墙面的间隙不应大于200mm。作业层脚手板的下方必须设置防护层，防止施工人员或物料坠落。

作业层外侧，应按临边防护的规定设置防护栏杆和挡脚板。防护栏杆由栏杆柱和上下两道横杆组成，上杆距脚手板高度为1.0~1.2m，下杆距脚手板高度为0.5~0.6m。在栏杆下边设置严密固定的高度不低于180mm的挡脚板。

脚手架应按规定采用密目式安全网封闭。

（二）脚手架搭设安全技术

1.落地式脚手架搭设安全技术

落地式脚手架包括扣件式钢管脚手架、碗扣式钢管脚手架、门式钢管脚手架、承插型盘扣式钢管脚手架、满堂脚手架等。搭设落地式脚手架主要应满足下列要求。

落地式脚手架的基础应坚实、平整，并应对其定期检查。立杆不埋设时，底部应设置垫板或底座，并设置纵、横向扫地杆。

落地式脚手架连墙件应符合下列规定：①扣件式钢管脚手架双排架高在50m以下或单排架高在24m以下，按不大于40m²设置一处；双排架高在50m以上，按不大于27m²设置一处。②门式钢管脚手架的架高在45m以下，基本风压不大于0.55kN/m²，按不大于48m²设置一处；架高在45m以下，基本风压大于0.55kN/m²，或架高在45m以上，按不大于24m²设置一处。③一字形、开口形脚手架的两端，必须设置连墙件。连墙件必须采用可承受拉力和压力的刚性构造，并与建筑结构可靠连接。

落地式脚手架剪刀撑及横向斜撑应符合下列规定：①扣件式钢管脚手架应沿全高设置剪刀撑。架高在24m以下时，沿脚手架长度间隔不大于15m设置剪刀撑；架高在24m以上时，沿脚手架全长连续设置剪刀撑，并设置横向斜撑；横向斜撑由架底至架顶呈“之”字形连续布置，沿脚手架长度间隔6跨设置一道。②碗扣式钢管脚手架的架高在24m以下时，按外侧框格总数的1/5设置斜杆；架高在24m以上时，按框格总数的1/3设置斜杆。③门式钢管脚手架的内外两个侧面除满设交叉支撑杆外，当架高超过20m时，还应在脚手架外侧沿长度和高度连续设置剪刀撑，剪刀撑钢管与门架钢管规格一致。当剪刀撑钢管直径与门架钢管直径不一致时，应采用异型扣件连接。④满堂扣件式钢管脚手架除沿脚手架外侧四周和中间设置竖向剪刀撑外，当脚手架高于4m时，还应沿脚手架每两步高度设置一道水平剪刀撑。⑤每道剪刀撑跨越立杆的根数宜按相关规范规定确定。每道剪刀撑宽度不应小于4跨，且不应小于6m，斜杆与地面的倾角宜在45°～60°之间。

扣件式钢管脚手架的主节点处必须设置横向水平杆，且在脚手架使用期间严禁拆除。单排脚手架横向水平杆插入墙内长度不应小于180mm。

钢管脚手架的立杆需要接长时，应采用对接扣件连接，严禁采用绑扎搭接。大横杆需要接长时，可采用对接扣件连接，也可采用搭接，但搭接长度不应小于1000mm，并应等间距设置3个旋转扣件固定。剪刀撑需要接长时，应采用搭接方法，搭接长度不小于1000mm，搭接扣件不少于2个。脚手架的各杆件接头处传力性能差，接头应错开，不得设置在一个平面内。

2. 悬挑式脚手架搭设安全技术

悬挑式脚手架的搭设，除满足落地扣件式脚手架的一般要求外，还应满足下列要求。

悬挑立杆应按施工方案的要求与建筑结构连接牢固，禁止与模板系统的立柱连接。立杆的底部必须支撑在牢固的地方，并采取措施防止立杆底部发生位移。

悬挑式脚手架的悬挑梁是关键构件，对悬挑式脚手架的稳定与安全使用起至关重要的作用，悬挑梁应按立杆的间距布置，设计图纸对此应明确规定。

当采用悬挑架结构时，支撑悬挑架架设的结构构件应能够承受悬挑架传给它的水平力和垂直力的作用。若根据施工需要只能设置在建筑结构的薄弱部位时，应加固结构，并设拉杆或压杆，将荷载传递给建筑结构的坚固部位。悬挑架与建筑结构的固定方法必须经计算确定。

单层悬挑式脚手架须在作业层脚手板下面挂一道安全平网作为防护层，安全平网应每隔3m设一根支杆，支杆与地面保持45°。网应外高内低，网与网之间必须拼接严密，网内杂物要随时清除；多层悬挑式脚手架应按落地式脚手架的要求，在作业层下原作业层上满铺脚手板，铺设方法应符合规程要求，不得有空当和探头板。

悬挑式脚手架立杆间距、倾斜角度应符合施工方案的要求，不得随意更改，脚手架搭设完毕须经有关人员验收合格后，方可投入使用。

悬挑式脚手架操作层上，施工荷载要堆放均匀，不应集中，并不得存放大宗材料或过重的设备。

3. 附着式升降脚手架搭设安全技术

附着式升降脚手架搭设安全主要从架体自身构造、附着支撑构造、升降装置、防坠落防倾斜装置等方面提出要求。

附着式升降脚手架要有定型的主框架和相邻两主框架中间的定型支撑框架（架底梁架），主框架间脚手架的立杆应将荷载直接传递到支撑框架上，支撑框架必须以主框架作为支座，再将荷载传递到主框架上。组成竖向主框架和架底梁架的杆件必须有足够的强度和刚度，杆件的节点必须为刚性连接，以保证框架的刚度，使之工作时不变形，确保传力的可靠性。

架体部分通常按落地式脚手架的要求进行搭设，架宽0.9～1.1m，立杆间距不大于1.5m，直线布置的架体支承跨度不应大于8m；折线或曲线布置的架体支承跨度不应大于5.4m；支承跨度与架高的乘积不大于110m²；按规定设置剪刀撑和连墙杆。

主框架应在每个楼层设置固定拉杆和连墙连接螺栓，连墙杆垂直距离不大于4m，水平间距不大于6m。

附着支撑又称钢挑架，其与结构的连接质量必须满足设计要求，做到严密、平整、牢固。钢挑架上的螺栓与墙体连接应牢固，采用梯形螺纹螺栓，以保证螺栓的受力性能；采用双螺帽连接，螺杆露出螺母应不少于3扣，或加弹簧垫圈紧固，以防止滑脱；螺杆严禁焊接使用。

同步升降一般使用电动葫芦，必须设置同步升降装置，以控制脚手架平稳升降。有两个吊点的单跨脚手架升降可使用手动葫芦；当使用3个或3个以上的葫芦群吊时，不得使用手动葫芦，以防因不同步而导致的安全事故。

升降时，架体上不准堆放模板、钢管等物，架体上不准站人，架子作业区下方不得有人。架体的附着支撑装置应成对设置，保证架体处于垂直稳定状态。

升降机构中使用的索具、吊具的安全系数不得小于6.0。

脚手架在升降时，为防止发生断绳、折轴等故障而引起坠落，必须设置防坠落装置。防坠落装置应设置在竖向主框架部位，且每一竖向主框架提升设备处必须设置一个。防坠装置与提升设备分别设置在两套附着支承结构上，若有一套失效，另一套能独立承担全部坠落荷载。

整体升降脚手架必须设置防倾斜装置，防止架体内外倾斜，保证脚手架升降运行平稳、垂直。防倾斜装置应具有足够的刚度。

防坠落、防倾斜装置应进行现场动作试验，以确认其动作可靠、灵敏，符合设计要求。

（三）脚手架拆除安全技术

脚手架拆除作业前，应制订详细的拆除施工方案和安全技术措施，并对参加作业的全体人员进行技术安全交底，在统一指挥下，按照确定的方案进行拆除作业。

脚手架拆除时，应划分作业区，周围设围护或警戒标志，地面设专人指挥，禁止非作业人员入内。

脚手架拆除的一般顺序：先上后下，先外后里，先架面材料后构架材料，先辅件后结构件再附墙件。

拆除脚手架各部件时，应一件一件地松开连接，取出并随即吊下，或集中到毗邻的未拆的架面上，用绳索扎捆后吊下，严禁将拆卸下的杆部件和材料向地面抛掷。已吊至地面的架设材料应随即运出拆卸区域，分类堆放并进行保存保养，以保持现场文明施工。

拆卸脚手板、杆件、门架，及其他较长、较重、有两端连接的部件时，必须两人或多人一组进行。禁止单人进行拆卸作业，防止因把持杆件不稳、失衡而发生事故。多人或多组进行拆卸作业时，应加强指挥，并相互询问和协调作业步骤，严禁不按程序进行的任意拆卸。

拆除水平杆件时，松开连接处后，水平托取下；拆除立杆时，在把稳上端后，再松开下端连接处取下。

连墙杆应随拆除进度逐层拆除，因拆除上部或一侧的附墙拉结而使架子不稳时，应加设临时撑拉措施。如拆抛撑拉设施前，应设立临时支柱，以防因架子晃动影响作业安全。

拆除时严禁碰撞附近电源线，以防伤亡事故发生。

在拆架过程中，不能中途换人，如需要中途换人时，应将拆除情况交接清楚后才可离开。

三、模板工程安全技术

建筑模板工程已广泛应用于钢筋混凝土结构的施工作业中，由于其施工工艺相对简单，施工速度较快，劳动强度较低，湿作业相对减少，且建筑整体性好，抗震能力强等优点，在大跨度、大体积和高层、超高层建筑结构中取得了良好的经济效益。

然而，模板工程的安全事故在建筑施工伤亡事故中所占比例却日益增加。造成模板安全事故的主要原因，诸如现浇混凝土模板支撑未经过设计计算就进行搭设，使得支撑系统强度不足或稳定性较差；模板上堆载不均匀或超载；混凝土浇筑过程中局部荷载过大等。因此，必须加强对模板工程的安全管理。

（一）模板工程安全基本要求

1. 模板工程施工方案

模板工程施工应编制模板工程施工方案，方案包括以下内容。

模板及其支架系统选型。《建筑施工安全检查标准》中要求模板支架搭设应编制专项施工方案，结构设计应进行计算。模板支架搭设高度8m及以上，跨度18m及以上，施工总荷载15kN/m²及以上或集中线荷载20kN/m²及以上的专项施工方案应按规定组织专家论证。

模板及其支架系统承载能力计算。根据施工条件（如混凝土输送方法不同等）确定荷载，并按所有可能产生的荷载中最不利组合验算模板整体结构和支撑系统的强度、刚度和稳定性，并有相应的计算书。

绘制模板设计图。包括细部构造大样图和节点大样，并应注明所选材料的规格、尺寸和连接方法；绘制支撑系统的平面图和立面图，注明间距及剪力撑的设置。

模板工程安全技术措施。确立模板制作、安装和拆除的程序，制订相应的安全技术措施。施工方案应经上一级技术负责人批准并报监理工程师审批。安装前要审查设计审批手续是否齐全，模板结构设计与施工说明中的荷载、计算方法、节点构造是否符合实际情况，是否有安装拆除方案。模板安装时其方法、程序必须按模板的施工设计进行，严禁任意变动。

2. 模板施工前的准备工作

模板施工前，现场负责人要认真审查施工组织设计中关于模板的设计资料，重点审查下列项目：①模板结构设计计算书的荷载取值，是否符合工程实际，计算方法是否正确，审核手续是否齐全。②模板设计图包括结构构件大样及支撑体系、连接件等的设计是否安全合理，图纸是否齐全。③模板设计中安全措施是否周全。

当模板构件进场后，要认真检查构件和材料是否符合设计要求。现场施工负责人在模板施工前要认真向有关人员做安全技术交底，特别是新的模板工艺，必须通过试验，并培训操作人员。

3. 模板工程安全的基本要求

为保证模板工程施工的安全性，应达到以下基本要求。

模板工程作业高度在2m和2m以上时，应根据《建筑施工高处作业安全技术规范》的要求进行操作和防护，周围应设安全网和防护栏杆。在临街及交通要道地区施工时，应设警示牌，避免伤及行人。

支设高度在3m以上的柱模板，四周应设斜撑，并应设立操作平台，低于3m的可用马凳操作。

支设悬挑形式的模板时，应有稳定的立足点。支设临空构筑物模板时，应搭设支架。模板上有预留洞时，应在安装后将洞盖住。

按规定的作业程序进行支模，模板未固定前不得进行下一道工序，不得在上下同一垂直面安装或拆卸模板。

操作人员上下通行，必须通过马道、乘坐施工电梯或人行扶梯等，不允许利用连接件和支撑件攀登模板或脚手架上下，不允许在墙顶、独立梁及其他狭窄而无防护栏的模板面上行走。

模板支撑不能固定在脚手架或门窗上，避免发生倒塌或模板位移。

在模板上施工时，堆放物不宜过多，不宜集中在一处。高处作业架子上、平台上一般不宜堆放模板材料。必须短时间堆放时，一定要码放平稳，不能堆放过高，必须控制在架子或平台的允许荷载范围内。

冬期施工，操作地点和人行通道的冰雪应事先清除掉，避免人员滑倒摔伤。雨期施工，高耸结构的模板作业，要安装避雷设施，其接地电阻不得大于4Ω，沿海地区要考虑抗风加固措施。

五级以上大风天气，不宜进行大块模板拼装和吊装作业。

注意防火，木料及易燃保温材料要远离火源堆放，采用电热养护的模板要有可靠的绝缘、漏电和接地保护装置，并按电气安全操作规范要求做。

（二）模板安装的安全技术

1. 支模方式

现浇多层房屋和构筑物，应采取分层分段支模方法，并要求下层楼板混凝土强度达到1.2MPa以后才能上料具。下层楼板结构的强度达到能承受上层模板、支撑系统和新浇筑混凝土的重量时，方可进行上层模板支撑、浇筑混凝土。在搭设上层模板支撑系统时下层楼板结构的支撑系统不能拆除，同时上层支架的立柱应对准下层支架的立柱，并铺设木垫板。

如采用悬吊模板、桁架支模方法，其支撑结构必须有足够的强度和刚度(需经计算并附计算书)。

混凝土输送方法有泵送混凝土、人力挑送混凝土、在浇灌运输道上用手推车或翻斗车运送混凝土等方法，应根据输送混凝土的方法制订模板工程有针对性的安全设施。

2. 模板支架

模板支架大多数采用脚手架搭设而成，因此模板支架搭设的安全技术要求同脚手架搭设的安全技术要求类似，其具体要求如下。

支撑模板立柱宜采用钢材，材料的材质应符合有关的专门规定。采用木材时，其树种可根据各地实际情况选用，立杆的有效尾径不得小于80mm，立杆要顺直，接头数量不得超过30%，且不应集中。

竖向模板和支架的立柱部分，当安装在基土上时应加设垫板，且基土必须坚实并有排水设施。对湿陷性黄土，还应有防水措施；对冻胀性土，必须有防冻融措施。

当支柱高度小于4m时，应设上下两道水平撑和垂直剪刀撑。以后支柱每增高2m再增加一道水平撑，水平撑之间还需要增加一道剪刀撑。主梁及大跨度梁的立杆应由底到顶整体设置剪刀撑，与地面成45°~60°角。设置间距不大于5m，若跨度大于5m的应连续设置。

当极少数立柱长度不足时，应采用相同材料加固接长，不得采用垫砖增高的方法。当楼层高度超过10m时，模板的支柱应选用长料，同一支柱的连接接头不宜超过2个。各排立柱应用水平杆纵横拉接，每高2m拉接一次，使各排立杆柱形成一个整体，剪刀撑、水平杆的设置应符合设计要求。立柱间距应经设计计算，支撑立柱时其间距应符合设计规定。

模板及其支撑系统在安装过程中，必须设置临时固定设施，严防倾覆。

3. 模板荷载与存放

模板上的施工荷载应进行设计计算，设计计算时应考虑以下各种荷载效应组合：新浇混凝土自重、钢筋自重、施工人员及施工设备荷载、新浇筑的混凝土对模板的侧压力、倾倒混凝土时产生的荷载等，综合以上荷载得到设计模板上的施工荷载值。

堆放在模板上的建筑材料要均匀，若荷载过于集中，会导致模板变形，影响构件质量。

大模板采用立式存放，应采取支撑、围系、绑箍等防倾倒措施。长期存放的大模板，应用拉杆连接绑牢。没有支撑或自稳角不足的大模板，要存放在专门的堆放架上或卧倒平放，不应靠在其他模板或构件上。

各种模板若露天存放，其下应垫高30cm以上，防止受潮。不论存放在室内或室外，应按不同的规格堆码整齐，用麻绳或镀锌铁丝系稳。模板堆放不得过高，以免倾倒。堆放地点应选择平稳之处，钢模板部件拆除后，临时堆放处离楼层边缘不应小于1m，堆放高度不得超过1m。楼梯边口、通道口、脚手架边缘等处不得堆放模板。

（三）模板拆除的安全技术

模板拆除前要进行安全技术交底，确保模板拆除过程的安全。现浇梁、板，尤其是挑梁、板底模的拆除，施工班组长应书面报告项目经理部施工负责人，梁、板的混凝土强度达到规定的要求时，报专业监理工程师批准后才能拆除。

1. 拆模强度

现浇或预制梁、板、柱混凝土模板拆除前，应有7d和28d龄期强度报告，达到强度要求后再拆除模板。

现浇结构的模板及其支架拆除时的混凝土强度，应符合设计要求；当设计无具体要求时，应符合规范规定。

后张预应力混凝土结构或构件模板的拆除，侧模应在预应力张拉前拆除，其混凝土强度达到侧模拆除条件即可。进行预应力张拉必须待混凝土强度达到设计规定值方可进行，底模必须在预应力张拉完毕时方能拆除。

2. 拆模顺序

模板拆除前，现浇梁柱侧模的拆除，拆模是要确保梁、柱边角的完整，施工班组长应向项目经理部施工负责人口头报告，经同意后再拆除。

拆除模板应按方案规定的程序进行，先支后拆，后支先拆，先拆非承重部分，后拆承重部分。框架结构的拆模顺序是：首先拆除柱模板，然后拆除楼板底模板，再拆除梁侧模板，最后拆除梁底模板。

拆除大跨度梁支撑柱时，先从跨中开始向两端对称进行。拆除薄壳模板从结构中心向四周均匀放松，向周边对称进行。

当立柱水平拉杆超过两层时，应先拆两层以上的水平拉杆，最下一道水平杆与立柱模同时拆除，以确保柱模稳定。

大模板拆除前，要用起重机垂直吊牢，然后再进行拆除。

模板拆除应按区域逐块进行，定型钢模拆除不得大面积撬落。

3. 其他要求

工作前，应检查所使用的工具是否牢固，扳手等工具必须用绳链系挂在身上，工作时思想要集中，防止钉子扎脚或从空中滑落。

模板及其支撑系统拆除时，在拆除区域应设置警戒线，且应派专人监护，以防止落物伤人。应一次全部拆完，不得留有悬空模板，避免坠落伤人。

拆除模板一般采用长撬杠，严禁操作人员站在正拆除的模板下。在拆除楼板模板时，要注意防止整块模板掉下，尤其是用定型模板做平台模板时，更易发生模板突然全部掉下伤人的事故。

严禁站在悬臂结构上面敲拆底模；严禁在同一垂直平面上操作。

模板、支撑要随拆随运，严禁随意抛掷，拆除后分类码放。

在混凝土墙体、平板上有预留洞时，应在模板拆除后，随即在墙洞上做好安全护栏，或用板将预留洞盖严。

四、高处作业安全防护

由于建筑物向更高、更深发展，使得建筑工程施工高处作业越来越多，高处坠落事故发生频率加大，已居建筑工程安全事故的首位，占建筑工程安全事故总数的40%左右，而临边坠落、洞口坠落、悬空坠落和架上坠落占到了高处坠落事故的近90%。

为降低高处作业安全事故发生的频率，确保高处作业的安全，需要研究和制订针对高处作业的安全技术措施。当进行新工艺、新技术、新材料和新结构的高处作业施工时，必须制订保证安全的施工方案，并提供相关安全技术措施。

（一）安全防护用品

建筑施工现场是高危险性的作业场所，所有进入施工现场人员必须佩戴安全帽，高处作业必须系安全带，建筑临边洞口等必须按规定架设安全网。事实证明，安全帽、安全带、安全网是减少和防止高处坠落和物体打击这类事故发生的重要保障措施。建筑工人称安全帽、安全带、安全网为救命“三宝”。目前，这三种防护用品都有产品标准，使用时也应选择符合建筑施工要求的产品。

1. 安全帽

进入施工现场者必须戴安全帽。施工现场的安全帽应分色佩戴。

正确使用安全帽，不准使用缺衬及破损的安全帽。使用前应先检查外壳是否破损，有无合格帽衬，帽带是否齐全，调整好帽箍、帽衬（4～5cm），系好帽带。如果不符合要求应立即更换。

安全帽应符合国家标准，并选用经有关部门检验合格的安全帽。

2. 安全带

建筑施工中的攀登作业、独立悬空作业，如搭设脚手架，吊装混凝土构件、钢构件及设备等都属于高处作业，操作人员都应系安全带。

选用经有关部门检验合格的安全带，并保证在使用有效期内（3~5年）。

使用安全带时要注意以下事项：①安全带严禁打结、续接。②使用中，要可靠地挂在牢固的地方，高挂低用，且要防止摆动，安全带上的各种部件不得任意拆掉，避免明火和刺割。在无法直接挂设安全带的地方，应设置挂安全带的安全拉绳、安全栏杆等。③安全带使用两年以后，使用单位应按购进批量的大小，选择一定比例的数量，作一次抽检，用80kg的砂袋做自由落体试验，若未破断可继续使用，但抽检的样带应更换新的挂绳才能使用；若试验不合格，购进的这批安全带就应报废。④安全带外观有破损或发现异味时，应立即更换。

3. 安全网

建筑工地使用的安全网，按形式及其作用可分为平网和立网两种。平网，是指其安装平面平行于水平面，主要用于承接坠落的人和物；立网，是指其安装平面垂直于水平面，主要用于阻止人和物的坠落。

（1）安全网的构造和材料

制作安全网的材料，要求其比重小、强度高、耐磨性好、延伸率大和耐久性强；此外还应有一定的耐气候性能，受潮受湿后其强度下降不太大。目前，制作安全网的材料以化学纤维为主。同一张安全网上所有的网绳都要采用同一材料，所有材料的湿干强力比不得低于75%。通常，多采用维纶和尼龙等合成化纤作网绳。由于丙纶性能不稳定，禁止使用。此外，只要符合国际有关规定的要求，亦可采用棉、麻、棕等植物材料做原料。不论用何种材料，每张安全平网的重量一般不宜超过15kg，并应能承受至少800N的冲击力。

（2）密目式安全网试验要求

密目式安全网的目数为在网上任意一处的100cm²的面积上，大于2000目。施工单位采购来以后，可以做现场试验，除外观、尺寸、重量、目数等的检查以外，还要做以下两项试验：①贯穿试验，将1.8m×6m的安全网与地面成30°夹角放好，四边拉直固定。在网中心的上方3m的地方，用一根直径50mm，质量5kg的不锈钢圆棒，自由落下，网不贯穿，即为合格；网贯穿，即为不合格。②冲击试验，将密目式安全网水平放置，四边拉紧固定。在网中心上方1.5m处，将一个100kg重的砂袋自由落下，网边撕裂的长度小于200mm，即为合格。

（3）安全网搭设与使用要求

施工现场的安全网防护已经从用大网眼的平网作水平防护的敞开式防护，以及用栏杆或小网眼立网作防护的半封闭式防护，发展成为对在建工程外围及外脚手架外侧的全封闭式防护。安全网的搭设和使用应满足下列要求：①高处作业点下方必须设安全网。凡无外架防护的施工，必须在高度4～6m处设一层水平投影外挑宽度不小于6m的固定的安全网，每隔四层楼再设一道固定的安全网，并同时设一道随墙体逐层上升的安全网。②施工现场应积极使用密目式安全网，架子外侧、楼层邻边井架等处用密目式安全网封闭栏杆，安全网放在杆件里侧。③单层悬挑架一般只搭设一层脚手板为作业层，故须在紧贴脚手板下部挂一道平网作防护层，当在脚手板下挂平网有困难时，也可沿外挑斜立杆的密目网里侧斜挂一道平网，作为人员坠落的防护层。④单层悬挑架包括防护栏杆及斜立杆部分，全部用密目网封严；多层悬挑架上搭设的脚手架，用密目网封严；架体外侧用密目网封严。⑤密目网用于立网防护，水平防护时必须采用平网。不准用立网代替平网；当需采用平网进行防护时，严禁使用密目式安全立网代替平网使用。⑥安全网搭设应牢固、严密，完整有效，易于拆卸。安全网的支撑架应具有足够的强度和稳定性。密目式安全立网搭设时每个开眼环扣应穿入系绳，系绳应绑扎在支撑架上，间距不得大于450mm。相邻密目网间应紧密结合或重叠。当立网用于龙门架、物料提升架及井架的封闭防护时，四周边绳应与支撑架贴紧，边绳的断裂张力不得小于3kN，系绳应绑在支撑架上，间距不得大于750mm。⑦用于电梯井、钢结构和框架结构及构筑物封闭防护的平网应符合下列规定：平网每个系结点上的边绳应与支撑架靠紧，边绳的断裂张力不得小于7kN，系绳沿网边均匀分布，间距不得大于750mm；钢结构厂房和框架结构及构筑物在作业层下部应搭设平网，落地式支撑架应采用脚手钢管，悬挑式平网支撑架应采用直径不小于9.3mm的钢丝绳；电梯井内平网网体与井壁的空隙不得大于25mm。安全网拉结应牢固。⑧安全网必须有产品生产许可证和质量合格证，不准使用无证不合格产品。不使用破损的安全网，若有破损、老化应及时更换。

（二）高处作业安全技术

1. 高处作业的概念

按照国标规定，凡在坠落高度基准面2m以上（含2m），有可能坠落的高处进行的作业称为高处作业。

这里只说可能坠落的底面高度大于或等于2m，也就是不论在单层、多层或高层建筑物作业，即使是在平地，只要作业处的侧面有可能导致人员坠落的坑、井、洞或空间，其高度达到2m及其以上，就属于高处作业。之所以将高低差距标准定为2m，因为一般情况下，当人在2m以上的高度坠落时，就很可能会造成重伤、残废甚至死亡。

2. 高处作业的等级

作业高度是指作业面所处的高度至最低着落点的垂直距离，高处作业根据作业高度不同可分为四个等级，不同等级的高处作业其坠落半径也不尽相同。坠落半径是指在坠落高度基准面上，坠落着落点至经坠落点的垂线和坠落高度基准面的交点之间的距离。

3. 高处作业安全技术的相关要求

进行高处作业时，必须使用脚手架、平台、梯子、防护围栏、挡脚板、安全带和安全网等。作业前，应认真检查所用的安全设施是否牢固、可靠。

从事高处作业人员应接受高处作业安全知识的培训；特殊高处作业人员应持证上岗，上岗前应依据有关规定进行专门的安全技术交底。采用新工艺、新技术、新材料和新设备的，应按规定对作业人员进行相关安全技术教育。

高处作业人员应经过体检，合格后方可上岗。施工单位应为作业人员提供合格的安全帽、安全带等必备的个人安全防护用具，作业人员应按规定正确佩戴和使用。

施工单位应按类别有针对性地将各类安全警示标志悬挂于施工现场各相应部位，夜间应设红灯示警。

高处作业所用工具、材料等严禁投掷，上下立体交叉作业确有需要时，中间须设隔离设施。

高处作业应设置可靠扶梯，作业人员应沿着扶梯上下，不得沿着立杆与栏杆攀登。

雨雪天应采取防滑措施，当风速在10.8m/s以上和雷电、暴雨、大雾等气候条件下，不得进行露天高处作业。

高处作业的上下应设置联系信号或通信装置，并指定专人负责。

高处作业前，工程项目部应组织有关部门对安全防护设施进行验收，经验收合格签字后方可作业。需要临时拆除或变动安全设施的，应经项目技术负责人审批签字，并组织有关部门验收，经验收合格签字后才可实施。

（三）高处作业安全防护

1. 临边作业安全防护

在建筑工程施工中，当作业工作面的边缘没有维护设施或维护设施的高度低于80cm时，这类作业称为临边作业。在施工过程中，要求临边作业必须设置防护栏杆、挡脚板或挂设防护立网等安全防护措施。

防护措施设置要求：①防护栏杆的材料应按规范标准的要求选择，选材时除需满足力学条件外，还应符合构造上的要求，应紧固而不动摇，能够承受突然冲击，阻挡人员在可能状态下的下跌和防止物料的坠落，还要有一定的耐久性。②防护栏杆是由栏杆立柱和上下两道横杆组成，上杆离地高度为1.0～1.2m，称为扶手，下杆离地高度为0.5～0.6m，坡度大于1∶2.2的屋面，防护栏杆应高于1.5m。③防护栏杆必须自上而下用安全立网封闭。④防护栏杆的横杆不应有悬臂，以免坠落时横杆头撞击伤人。⑤栏杆的下部必须加设挡脚板，高度不小于180mm。⑥除经设计计算外，横杆长度大于2m，必须加设栏杆立柱。⑦栏杆柱的固定及其与横杆的连接，其整体构造应使防护栏杆在上杆任何部位都能经受任何方向的1000N外力。当栏杆所处位置有发生人群拥挤、车辆冲击或物件碰撞等可能时，应加大横杆截面或加密柱距。栏杆柱的固定应符合下列要求：当在基坑四周固定时，可采用钢管打入地面50～70cm深。钢管离边口的距离，不应小于50cm。当基坑周边采用板桩时，钢管可打在板桩外侧。当在混凝土楼面、屋面或墙面固定时，可用预埋件与钢管或钢筋焊牢。采用竹、木栏杆时，可在预埋件上焊接30cm长的L50×5角钢，其上下各钻一孔，然后用10mm螺栓与竹、木杆件拴牢。当在砖或砌块等砌体上固定时，可预先砌入规格相适应的80×6弯转扁钢作预埋铁的混凝土块，然后用上述方法固定。

2. 洞口作业安全防护

在施工现场的地面、楼面、屋面和墙面等处存在人或物料坠落的可能性，其坠落高度大于或等于2m的开口处的高处作业称为洞口作业。通常所说的“四口”指的是楼梯口、电梯口、预留洞口、通道口。洞口作业即在这“四口”旁进行的作业。

在水平方向的楼面、屋面、平台等上面短边小于25cm（大于2.5cm）的称为孔，但也必须覆盖（应设坚实盖板并能防止挪动移位）；短边尺寸等于或大于25cm称为洞。在垂直于楼面、地面的垂直面上，则高度小于75cm的称为孔，高度等于或大于75cm，宽度大于45cm的均称为洞。

凡深度在2m及2m以上的桩孔、人孔、沟槽与管道等孔洞边沿上的高处作业都属于洞口作业范围。

洞口作业时应根据具体情况采取设置防护栏杆、加盖板、张挂安全网与装栅门等措施。

防护措施设置要求：①楼板面的洞口可用竹、木等作盖板，盖住洞口。盖板必须能保持四周放置均衡，并有固定位置的措施。②短边小于25cm（大于2.5cm）的孔，应设坚实盖板并能防止其挪动移位。③洞口大小在25cm×25cm到50cm×50cm的，应设置固定盖板，保持四周搁置均衡，并有固定其位置的措施。④短边边长为50～150cm的洞口，必须设置以扣件扣接钢管而成的网格，并在其上满铺竹笆或脚手板；也可采用贯穿于混凝土板内的钢筋构成防护网，钢筋网格间距不得大于20cm。⑤1.5m×1.5m以上的洞口，四周必须搭设围护架，并设双道防护栏杆，洞口中间支挂水平安全网，网的四周拴挂牢固、严密。⑥墙面等处的竖向洞口，凡落地的洞口应加装开关式、工具式或固定式的防护门，门栅网格的间距不应大于15cm，也可采用防护栏杆，下设挡脚板。低于80cm的竖向洞口，应加设1.2m高的临时护栏。⑦下边沿至楼板或底面低于80cm的窗台等竖向的洞口，如侧边落差大于2m应加设1.2m高的临时护栏。⑧洞口应按规定设置照明装置的安全标识。

3. 垂直防坠物防护

随着城镇建设的发展，新建和改造项目增多，建筑物的密集程度增加，建筑施工场地越来越小，有时与周边居民或行人共用通道，高处作业对所建建（构）筑物下方的作业人员和路过人员的安全产生直接威胁，还有在下方有高压线路、房屋等情形存在。在编制施工组织设计时，应针对环境要求做相应的硬防护设施，防止上方施工坠物对下方人员和设施安全的影响。

硬防护设施，应根据下方的保护范围大小确定硬防护架的宽度；应经过必要的计算，设计其骨架的组合和悬吊绳（杆）的拉力。设在底层的硬防护棚架，应做成两层，两层之间的距离不应小于700mm，并应满铺50mm厚木板，用于遮挡作业人员和过路人员的场区通道，上方还应该增加防雨措施。对于高层建筑，还应在首层硬防护上方每隔四层增加一道水平防护，临近操作层的下一层必须有一道水平防护；需通过车辆的防护通道，高度必须在4.5m以上，并设置限高警示标志和不可停留标志。

建筑物一侧有道路时，也可搭设成门架式安全通道，即通道两侧为立杆支撑，通道上方设两层顶盖，两层顶盖之间距离不应小于700mm；与悬挂式硬防护的做法一样，靠建筑物一侧应设硬质隔离挡板，以免侧向掉物，造成对人员、车辆的安全损害。

不论是悬挂式硬防护还是门架式安全通道的上方边缘，均设置高度不小于1.2m的防护栏杆并满挂安全网，栏杆下部应有高度不低于400mm的挡脚板。

第三节　安全事故及其调查处理

一、建筑工程项目施工安全事故的特点、分类和原因分析

（一）施工安全事故的特点

安全事故是指人们在进行有目的的活动过程中，发生了违背人们意愿的不幸事故，而使其有目的的行为暂时或永久地停止。建筑工程安全事故是指在建筑工程施工现场发生的安全事故，一般会造成人身伤亡或伤害且伤害涉及包括急救在内的医疗救护，或造成财产、设备、工艺等损失。

施工项目安全事故的特点内容如下。

1. 严重性

施工项目发生安全事故，影响往往较大，会直接导致人员伤亡或财产的损失，给人民生命和财产带来巨大损失。近年来，安全事故死亡的人数和事故起数仅次于交通、矿山，成为人们关注的热点问题之一。因此，对施工项目安全事故隐患绝不能掉以轻心，一旦发生安全事故，其造成的损失将无法挽回。

2. 复杂性

施工生产的特点决定了影响建设工程安全生产的因素很多，工程安全事故的原因错综复杂，即使是同一类安全事故，其发生的原因可能多种多样。因此，在对安全事故进行分析时，其对判断出安全事故的性质、原因（直接原因、间接原因、主要原因）等有很大影响。

3. 可变性

许多建设工程施工中出现安全事故隐患，这些安全事故隐患并不是静止的，而是有可能随着时间而不断地发展、恶化，若不及时整改和处理，往往可能发展成为严重或重大安全事故。因此，在分析与处理工程安全事故隐患时，要重视安全事故隐患的可变性，应及时采取有效措施纠正、消除，杜绝其发展、恶化为安全事故。①

4. 多发性

施工项目中的安全事故，往往在建设工程某部位或工序或作业活动中发生。如物体打击事故、触电事故、高处坠落事故、坍塌事故、起重机械事故、中毒事故等。因此，对多发性安全事故，应注意吸取教训，总结经验，采取有效预防措施，加强事前控制、事中控制。

（二）施工安全事故的分类

1. 按照事故发生的原因分类

职业伤害事故分为20类，其中与建筑业有关的有以下12类。

物体打击：指落物、滚石、锤击、碎裂、砸伤等造成的人身伤害，不包括因爆炸而引起的物体打击。

车辆伤害：指被车辆挤、压、撞和车辆倾覆等造成的人身伤害。

机械伤害：指被机械设备或工具绞、碾、碰、割、戳等造成的人身伤

①谭佳勇．建筑工程项目安全事故分析与预控[J]．建筑安全，2020，35（5）：49-51.

害，不包括车辆、起重设备引起的伤害。

起重伤害：指从事各种起重作业时发生的机械伤害事故，不包括上下驾驶室时发生的坠落伤害，起重设备引起的触电及检修时制动失灵造成的伤害。

触电：电流经过人体导致的生理伤害，包括雷击伤害。

灼烫：指火焰引起的烧伤、高温物体引起的烫伤、强酸或强碱引起的灼伤、放射线引起的皮肤损伤，不包括电烧伤及火灾事故引起的烧伤。

火灾：在火灾时造成的人体烧伤、窒息、中毒等。

高处坠落：由于危险势能差引起的伤害，包括从架子、屋架上坠落以及平地坠入坑内等。

坍塌：指建筑物、堆置物倒塌以及土石塌方等引起的事故伤害。

火药爆炸：指在火药的生产、运输、储藏过程中发生的爆炸事故。

中毒和窒息：指煤气、油气、沥青、化学、一氧化碳中毒等。

其他伤害：包括扭伤、跌伤、冻伤、野兽咬伤等。

以上12类职业伤害事故中，在建设工程领域中最常见的是高处坠落、物体打击、机械伤害、触电、坍塌、中毒、火灾7类。

2. 按事故严重程度分类

按事故严重程度分类，事故分为以下3类。

轻伤事故，是指造成职工肢体或某些器官功能性或器质性轻度损伤，能引起劳动能力轻度或暂时丧失的伤害的事故，一般每个受伤人员休息1个工作日以上（含1个工作日），105个工作日以下。

重伤事故，一般指受伤人员肢体残缺或视觉、听觉等器官受到严重损伤，能引起人体长期存在功能障碍或劳动能力有重大损失的伤害，或者造成每个受伤人员损失105个工作日以上（含105个工作日）的失能伤害的事故。

死亡事故，重大伤亡事故是指一次事故中死亡1～2人的事故。特大伤亡事故是指一次事故死亡3人以上（含3人）的事故。

二、建设工程安全事故的处理

一旦事故发生，通过应急预案的实施，尽可能防止事态的扩大和减少事故的损失。通过事故处理程序，查明事故原因，制订相应的纠正和预防措施，避免类似事故的再次发生。

（一）事故处理的原则（“四不放过”原则）

国家对发生事故后的“四不放过”处理原则，其具体内容如下。

1. 事故原因未查清不放过

要求在调查处理伤亡事故时，首先要把事故原因分析清楚，找出导致事故发生的真正原因，未找到真正原因绝不轻易放过。直到找到真正原因并搞清各因素之间的因果关系，才算达到事故原因分析的目的。

2. 事故责任人未受到处理不放过

这是安全事故责任追究制的具体体现，对事故责任者要严格按照安全事故责任追究的法律法规的规定进行严肃处理。不仅要追究事故直接责任人的责任，同时要追究有关负责人的领导责任。当然，处理事故责任人必须谨慎，避免事故责任追究的扩大化。

3. 事故责任人和周围群众没有受到教育不放过

使事故责任人和广大群众了解事故发生的原因及所造成的危害，并深刻认识到搞好安全生产的重要性，从事故中吸取教训，增强安全意识，改进安全管理工作。

4. 事故没有制订切实可行的整改措施不放过

必须针对事故发生的原因，提出防止相同或类似事故发生的切实可行的预防措施，并督促事故发生单位加以实施。只有这样，才算达到了事故调查和处理的最终目的。

（二）建设工程安全事故处理措施

1. 按规定向有关部门报告事故情况

事故发生后，事故现场有关人员应当立即向本单位负责人报告。单位负责人接到报告后，应当于1h内向事故发生地县级以上人民政府安全生产监督管理部门和负有安全生产监督管理职责的有关部门报告，并有组织、有指挥地抢救伤员、排除险情。应当防止人为或自然因素的破坏，便于事故原因的调查。

由于建设行政主管部门是建设安全生产的监督管理部门，对建设安全生产实行的是统一的监督管理，因此，各个行业的建设施工中出现了安全事故，都应当向建设行政主管部门报告。对于专业工程的施工中出现生产安全事故的，由于有关的专业主管部门也承担着对建设安全生产的监督管理职能，因此，专业工程出现安全事故，还需要向有关行业主管部门报告。

2. 现场勘查

事故发生后，调查组应迅速到现场进行及时、全面、准确和客观的勘查，包括现场笔录、现场拍照和现场绘图。

3. 分析事故原因

通过调查分析，查明事故经过，按受伤部位、受伤性质、起因物、致害物、伤害方法、不安全状态、不安全行为等，查清事故原因，包括人、物、生产管理和技术管理等方面的原因。通过直接和间接的分析，确定事故的直接责任人、间接责任人和主要责任人。

4. 制订预防措施

根据事故原因分析，制订防止类似事故再次发生的预防措施。根据事故后果和事故责任人应负的责任提出处理意见。

5. 提交事故调查报告

事故调查组应当自事故发生之日起60日内提交事故调查报告。特殊情况下，经负责事故调查的人民政府批准，提交事故调查报告的期限可以适当延长，但延长的期限最长不超过60日。事故调查报告应当包括下列内容：①事故发生单位概况。②事故发生经过和事故救援情况。③事故造成的人员伤亡和直接经济损失。④事故发生的原因和事故性质。⑤事故责任的认定以及对事故责任者的处理建议。⑥事故防范和整改措施。

6. 事故的审理和结案

重大事故、较大事故、一般事故，负责事故调查的人民政府应当自收到事故调查报告之日起15日内作出批复。特别重大事故，30日内作出批复。特殊情况下，批复时间可以适当延长，但延长的时间最长不超过30日。

有关机关应当按照人民政府的批复，依照法律、行政法规规定的权限和程序，对事故发生单位和有关人员进行行政处罚，对负有事故责任的国家工作人员进行处分。事故发生单位应当按照负责事故调查的人民政府的批复，对本单位负有事故责任的人员进行处理。负有事故责任的人员涉嫌犯罪的，依法追究刑事责任。

事故处理的情况由负责事故调查的人民政府或者其授权的有关部门、机构向社会公布，依法应当保密的除外。事故调查处理的文件记录应长期完整地保存。

第八章 建筑工程施工资源管理

第一节 建筑工程施工资源管理概述

一、项目资源管理的概念

（一）项目资源

项目资源是对项目实施中使用的人力资源、材料、机械设备、技术、资金和基础设施等的总称。资源是人们创造出产品（形成生产力）所需要的各种要素，亦称生产要素。

（二）项目资源管理

项目资源管理是对项目所需的各种资源进行的计划、组织、指挥、协调和控制等系统活动。项目资源管理的复杂性主要表现为：①工程实施所需资源的种类多、需要量大。②建设过程对资源的消耗极不均衡。③资源供应受外界影响很大，具有一定的复杂性和不确定性，且资源经常需要在多个项目间进行调配。④资源对项目成本的影响最大。

加强项目管理，必须对投入项目的资源进行市场调查与研究，做到合理配置，并在生产中强化管理，以尽量少的消耗获得产出，达到节约物化劳动和活劳动、减少支出的目的。

二、项目资源管理的目的和要求

（一）项目资源管理的目的

项目资源管理的目的，就是在保证工程施工质量和工期的前提下，节约活劳动和物化劳动，从而节约资源，达到降低工程成本的目的。

（二）项目资源管理的要求

项目资源管理就是对资源进行优化配置，即适时、适量地按照一定比例配置资源，并投入施工生产中，以满足需要。

进行资源的优化组合，即对投入项目的各种资源在施工项目中搭配适当、协调，使其能够充分发挥作用，更有效地形成生产力。

在整个项目运行过程中，要对资源进行动态管理。由于项目的实施过程是一个不断变化的过程，对资源的需求也会不断发生变化，因此资源的配置与组合也需要不断地调整以适应工程的需要，这就是一种动态的管理。动态资源管理是优化资源组合与配置的手段与保证。其基本内容应该是按照项目的内在规律有效地计划、组织协调、控制各种生产资源，使其能合理地流动，在动态中求得平衡。[①]

在施工项目运行中，合理地、节约地使用资源，是实现节约资源（资金、材料、设备、劳动力）的一种重要手段。

三、项目资源管理的程序和内容

（一）项目资源管理的程序

项目资源管理的全过程应包括项目资源的计划、配置、控制和处置。具体来说，项目资源管理应遵循下列程序：①按合同要求，编制资源配置计划，确定投入资源的数量与时间。②根据资源配置计划，做好各种资源的供应工作。③根据各种资源的特性，采取科学的措施，进行有效组合，合理投入，动态调控。④对资源收入和使用情况进行定期分析，找出问题，总结经验并持续改进。

（二）项目资源管理的内容

1. 编制项目资源管理计划

项目施工过程中，往往涉及多种资源，如人力资源、原材料、机械设备、施工工艺及资金等，因此，在施工前必须编制项目资源管理计划。施工前，工程总承包商的项目经理部必须作出指导工程施工全局的施工组织计划，其中，编制项目资源计划便是施工组织设计中的一项重要内容。

①魏悦虹．SZ施工企业多项目资源管理研究[D]．西安：西安建筑科技大学，2019.

为了对资源的投入量、投入时间、投入步骤有合理的安排，在编制项目资源管理计划时，必须按照工程施工准备计划、施工进度总计划和主要分部（项）工程进度计划以及工程的工作量，套用相关的定额，来确定所需资源的数量、进场时间、进场要求和进场安排，编制出详尽的需用计划表。

2. 资源的供应与节约使用

在项目施工过程中，为保证资源的供应，应当按照编制的各种资源计划，派专业部门人员负责组织资源的来源，进行优化选择，并把它投入施工项目管理中，使计划得以实施，施工项目的需要得以保证。

在项目施工过程中，资源管理的最根本的意义就在于节约活劳动及物化劳动，因此，节约使用资源应该是资源管理诸环节中最为重要的一环。要节约使用资源，就要根据每种资源的特性，设计出科学的措施，进行动态配置和组合，协调投入，合理使用，不断地纠正偏差，以尽可能少的资源满足项目的使用要求，以达到节约的目的。

3. 资源核算

资源管理的另一个重要环节就是对施工项目投入的资源的使用和产出情况进行核算。只有完成了这道程序，资源管理者才能做到心中有数，才知道哪些资源的投入、使用是恰当的，哪些资源还需要进行重新调整。

4. 对资源使用效果进行分析

对资源使用效果进行分析，一方面是对管理效果的总结，找出经验与问题，评价管理活动；另一方面又为管理者提供储备与反馈信息，以指导以后的管理工作。

（三）项目资源管理的范围

1. 人力资源管理

在工程项目资源中，人力资源是各生产要素中“人”的因素，具有非常重要的作用，主要包括劳动力总量，各专业、各级别的劳动力，操作工、修理工以及不同层次和职能的管理人员。人力资源泛指能够从事生产活动的体力和脑力劳动者，在项目管理中包括不同层次的管理人员和参与作业的各种工人。人是生产力中最活跃的因素，人具有能动性和社会性等。项目人力资源管理是指项目组织对该项目的人力资源进行的科学的计划、适当的培训教育、合理的配置、有效的约束和激励、准确的评估等方面的一系列管理工作。

项目人力资源管理的任务是根据项目目标，不断获取项目所需人员，并将其整合到项目组织中，使之与项目团队融为一体。项目中人力资源的使用，关键在于明确责任，调动职工的劳动积极性，提高工作效率。从劳动者个人的需要和行为科学的观点出发，责、权、利相结合，多采取激励措施，并在使用中重视对他们的培训，提高他们的综合素质。

2. 材料管理

一般工程中，建筑材料占工程造价的70%左右，加强材料管理对于保证工程质量、降低工程成本都将起到积极作用。项目材料管理的重点在现场、在使用、在节约和核算，尤其是节约，其潜力巨大。建筑材料主要包括原材料、设备和周转材料。其中，原材料和设备构成工程建筑的实体。周转材料，如脚手架材、模板材、工具、预制构配件、机械零配件等，都因在施工中有独特作用而自成一类，其管理方式与材料基本相同。

3. 机械设备管理

工程项目的机械设备主要是指项目施工所需的施工设备、临时设施和必需的后勤供应。

施工设备包括塔吊、混凝土拌和设备、运输设备等。临时设施包括施工用仓库、宿舍、办公室、工棚、厕所、现场施工用供排系统（水电管网、道路等）。机械设备管理往往实行集中管理与分散管理相结合的办法，主要任务在于正确选择机械设备，保证机械设备在使用中处于良好状态，减少机械设备闲置、损坏，提高施工机械化水平和使用效率。机械设备管理的关键在于提高机械使用效率，而提高机械使用效率必须提高利用率和完好率。利用率的提高靠人，完好率的提高在于保养和维修。

4. 技术管理

技术是指人们在改造自然、改造社会的生产和科学实践中积累的知识、技能、经验及体现这些的劳动资料。技术具体包括操作技能、劳动手段、生产工艺、检验试验方法及管理程序和方法等。任何物质生产活动都是建立在一定的技术基础上的，也是在一定技术要求和技术标准的控制下进行的。随着生产的发展，技术水平也在不断提高。施工的单件性、复杂性、受自然条件的影响等特点，决定了技术管理在工程项目管理中的作用尤其重要。工程项目技术管理，是对各项技术工作要素和技术活动过程的管理。其中技术工作要素包括技术人才、技术装备、技术规程等。工程项目技术管理的任务是：正确贯彻国家的技术政策，贯彻上级对技术工作的指示与决定；研究认识和利用技术规律，科学地组织各项技术工作，充分发挥技术的作用；确立正常的生产技术秩序，文明施工，以技术保证工程质量；努力提高技术工作的经济效果，使技术与经济有机地结合起来。

5. 资金管理

资金也是一种资源，从流动过程来讲，首先是投入，即将筹集到的资金投入施工项目上；其次是使用，也就是支出。资金的合理使用是施工有序进行的重要保证，这也是常说的“资金是项目的生命线”的原因。

工程项目资金管理包括编制资金计划、筹集资金、投入资金（项目经理部收入）、资金使用（支出）、资金核算与分析等环节。资金管理应以保证收入、节约支出、防范风险为目的，重点是收入与支出问题，收支之差涉及核算、筹资、利息、利润、税收等问题。

第二节 人力资源管理

一、工程施工项目劳动力组织与管理

（一）施工项目劳动力组织

大多数施工企业通过长期的施工管理实践，形成了比较固定的劳动力分组方式及工种、技术等级的配合。

所有间接劳动力的组织与配置，都从属于施工项目经理部组织形成。为直接劳动力服务的人员（如医生、厨师、司机等）、工地警卫、勤杂人员、工地管理人员等，可根据劳动力投入量计划按比例计算，或根据现场的实际需要配置。对大型施工项目，这些人员的投入比例较大，在5%~10%；中小型项目可利用项目周围社会资源，投入人数较少。

（二）劳动力的配置原则

劳动力的配置原则：①配置劳动力时，应让工人有超额完成的可能，以

获得奖励，进而激发工人的劳动热情。②尽量使劳动力和劳动组织保持稳定，防止频繁调动。劳动组织的形式有专业班组、混合班组、大包队等。但当原劳动组织不适应工程项目任务要求时，项目经理部可根据工程需要，打乱原派遣到现场的作业人员建制，对有关工种工人重新进行优化组合。③为保证作业需要，工种组合、技工与壮工比例必须适当、配套。④尽量使劳动力配置均衡，使劳动资源消耗强度适当，以方便管理，达到节约的目的。⑤每日劳动力需求量最好是在正常操作条件下所需各工种劳动力的近似估计，有一些因素，如学习过程、天气条件、劳动力周转、旷工、病假和超工时工作制度，都会影响每日劳动力需求总和。虽然很难量化这些变量，但为编制计划，建议每类劳动力增加5%左右以适应上述变化可能导致劳动力不足的情况。如果可能的话，适当加班能降低每日劳动需求量，最大可达10%~15%。

（三）劳动力的动态控制

项目经理部是项目施工范围内劳动力动态管理的直接责任者，劳动管理部门对劳动力的动态管理起主导作用，其主要工作有：①根据项目经理部提出的劳动力需要量计划，签订劳务合同，并按合同派遣劳务人员。②根据施工任务的需要和变化，从社会劳务市场中招募和遣返（辞退）民工。③负责对企业劳务人员的工资进行管理，实行按劳分配，兑现合同中的经济利益条款，进行符合规章制度及合同约定的奖罚。④对劳动力进行企业范围内的调度、平衡和统一管理。当施工项目中的承包任务完成后收回作业人员，重新进行平衡、派遣。

二、工程项目人力资源的确定

（一）项目管理人员、专业技术人员的确定

根据岗位编制计划，参考类似工程经验进行管理人员、技术人员需求预测。在人员需求中应明确需求的职务名称、人员需求数量、知识技能等方面的要求，招聘的途径，选择的方法和程序，希望到岗的时间等，最终形成一个有员工数量、招聘成本、技能要求、工作类别以及为满足管理需要的人员数量和层次的分列表。

管理人员需求计划编制一定要提前做好工作分析。工作分析是指通过观察和研究，对特定的工作职务作出明确的规定，并规定这一职务的人员应具备什么素质，具体包括工作内容、责任者、工作岗位、工作时间、如何操作、为何要做。根据工作分析的结果，编制工作说明书、制订工作规范。

（二）劳动力综合需要量计划的确定

劳动力综合需要量计划是确定暂设工程规模和组织劳动力进场的依据。

劳动力综合需要量计划应根据工种工程量汇总表所列的各个建筑物不同专业工种的工程量编制。查劳动定额，便可得到各个建筑物不同工种的劳动量，再根据总进度计划中各单位工程或分部工程的专业工种工作持续时间，即可得到某单位工程在某时段里的平均劳动力数量。以同样方法可计算出各主要工种在各个时期的平均工人数。最后，将总进度计划图表纵坐标方向上各单位工程同工种的人数叠加在一起并连成一条曲线，即为某工种的劳动力动态曲线。①

劳动力需要量计划是根据施工进度计划、工程量、劳动生产率，依次确定专业工种、进场时间、劳动量和工人数，然后汇集成表格形式的，它可作为现场劳动力调配的依据。

三、工程项目人力资源的激励

（一）人力资源经济激励计划的设计分类

时间相关奖励计划。按基本工作时间成比例地对工人进行超时奖励。

工作相关奖励计划。按可测的完成工作量对工人进行奖励。

一次付清工作报酬。按比计划（标准定额）节省的时间及完成特定的固定量进行奖励。

按利润分享奖金。在预先确定的时间，如一季度、半年或一年支付奖金。

（二）人力资源经济激励的实践

项目管理组织的有效运作需要每一个组织成员都能够有效地发挥作用。

①郑萍．建筑工程项目中的人力资源配置与管理研究[J]．现代企业文化，2024（5）：142-144.

要让每位员工都能够积极努力地工作，除了严格的工作规章和工作纪律外，还必须通过对人员的激励，来调动人员的主观能动性，增强自律性。为了有效地将人的动机和项目提供的工作机会、工作条件和工作报酬等紧密地结合起来，管理者在实施激励手段的过程中，必须首先了解目标的设置是否能够满足员工的需要，只有这样才能有效地激发员工的目标导向行为。

1. 激励的起点是满足员工的需要

由于员工的需要存在个体差异性和动态性，而且只有在满足其最迫切的需要时，激励的强度才最大，管理者只有在掌握所有能够满足这些需要的前提下，有针对性地采取激励措施，才能收到实效。组织内的管理人员，应该注意研究和掌握员工的需要结构，把握其个性和共性，了解员工和员工之间需要的差异。在此基础上，根据掌握的资源进行有的放矢的激励。

对于收入水平较高的人群，特别是对知识分子和管理干部，则晋升其职务、授予其职称或荣誉，提供相应的教育条件，以及尊重其人格，鼓励其创新，放手让其工作，会收到更好的激励效果；对低工资人群，奖金、友情的作用就十分重要；对于从事笨重、危险、环境恶劣的体力劳动的员工，搞好劳动保护，改善其劳动条件，增加岗位津贴，重视、关心等都是有效的激励手段。

2. 组织激励方法

组织管理人员如何看待其员工一定程度上决定着他们所采用的管理方式。因此，管理者对人的本性的假设指导和控制着他们对员工的激励行为，决定着组织所采用的激励方法。组织中常用的激励方法有3种，即物质激励、精神激励和职业生涯发展激励。物质激励是一种最基本的激励手段，其手段有薪金、奖励、红利、股权、奖品等，目的是肯定员工的某些行为，以调动员工的积极性。

3. 激励实施

当工程项目完成交给用户（业主）后，企业的项目考核评价委员会，需要对项目的管理行为、项目管理效果以及项目管理目标实现程度进行检验和评定，使得项目经理和项目经理部的经营效果和经营责任制得到公平、公正的评判和总结。企业一定要根据评价来兑现项目管理目标责任书的奖罚承诺，使人员激励落到实处。

四、工程项目人力资源的考核

（一）人力资源考核分类

1. 基本考核

试用或届满考核。对试用期内或届满的职工均需进行考核，以确定是否正式录用。该项考核通常由项目经理部授权劳动力管理机构进行，某些技术类或较为重要的职位也可自行考核。试用优秀者可提前转正或正式录用。

业绩绩效考核。员工业绩（绩效）考核可根据其在施工生产中的表现和其完成工作量的多少、质量等因素进行综合考核，这是劳动力考核的主体。通常的做法是建立职工工作绩效考核卡。根据职工工作岗位的特点和要求，采取定岗定责，一人一岗一卡的方式进行考核。考核卡的内容包括该名职工所在岗位的工作职责、工作要求和工作标准，考核时按卡检查考评该岗位工作。

后进职工考核。该项考核可由后进职工主管会同人事部门共同考核定案。对认定为后进的职工，可对其具体工作表现随时提出考核和改进意见，对于被留职察看的后进职工，可根据其具体表现作出考核决定。

个案考核。该项考核可由职工主管部门和人事管理部门负责，常采用专案报告的形式。

2. 重大事件考核

对职工日常工作中的重大事件，及时提出考核意见，决定奖励或处罚。

调配考核。对职工的调配，项目人事管理部门首先应考虑调配人员的素质及其技术水平，然后向项目经理部提出考核意见。调配事项确定后，应提供调配职工在本部门工作情况的考核结论和评语，以供新主管参考。

离职考核。职工离职前，应对其在本公司的工作情况做出书面考核，并且必须在职工离职前完成。公司应为离职员工出具工作履历证明和工作绩效意见，由人事管理部门负责办理，必要时可由部门主管协办。

总之，对职工的考核，应当公开、公平、公正，实事求是，不得徇私舞弊。应以岗位职责为主要依据，坚持上下结合、左右结合，定性与定量考核相结合的原则。

（二）人力资源考核评比方法

人力资源的考核评比工作，多采取定期考核与不定期抽查考核相结合、年终总评的方法。定期考核每月一次，由考评小组进行；不定期抽查考核由部门负责人组织，中心领导参加，随时可以进行，抽查情况要认真记录，以备集中考核时运用，年终结合评先工作进行总评。对中层干部和管理人员的考评，由企业领导组织职工管理委员会中的职工成员共同参与，进行年度考评。

五、人力资源的培训与开发

（一）职工培训的要求

企业的职工培训要从实际出发，兼顾当前和长期需要，采取多种方式，如上岗前培训、在职学习、业余学习、半脱产专业技术训练班、脱产轮训班和专科大专班等。

职工培训应直接有效地为企业生产工作服务，要有针对性和实用性，讲究质量、注重实效。

职工培训应从上而下形成培训系统，建立专门的培训机构。

建立考试考核制度。

（二）人力资源的开发

人力资源开发主要指人们通过传授知识、转变观念或提高技能来改善当前或未来管理工作绩效的活动。人力资源除了包括智力劳动能力和体力劳动能力外，同时也包含人现实的劳动能力和潜在的劳动能力。

人的现实劳动能力是指人能够直接迅速投入劳动过程，并对社会经济的发展产生贡献的劳动能力。也有一部分人，出于某些原因，暂时不能直接参与特定的劳动，必须经过对人力资源的开发等过程才能形成劳动能力，这就是潜在的劳动能力。如对文化素质较低的人进行培训，使其具备现代生产技术所需要的劳动能力，从而能够上岗操作，这就属于人力资源的开发过程。

人力资源开发的方式如下：①人力资源的开发，需要组织通过学习、训导的手段，提高员工的技能和知识，增进员工工作能力和潜能的发挥，最大限度地使员工的个人素质与工作相匹配，进而促进员工现在和将来的工作绩效的提高。严格地说，人力资源的开发是一个系统化的行为改变过程，工作行为的有效提高是人力资源开发的关键所在。②培训是人力资源开发的主要手段，是指给新雇员或现有雇员传授其完成本职工作所必需的基本技能的过程。

第三节 材料管理

一、材料管理计划

（一）材料需求计划

材料需求量计算，根据不同的情况，可分别采用直接计算法和间接计算法确定材料需求量。

1. 直接计算法

对于工程任务明确、施工图纸齐全的情况，可直接按施工图纸计算出分部、分项工程实物工程量，套用相应的材料消耗定额，逐条逐项计算各种材料的需用量，汇总编制材料需用计划，然后再按施工进度计划分期编制各期材料需用计划。

2. 间接计算法

对于工程任务已经落实，但设计尚未完成，技术资料不全，不具备直接计算需用量条件的情况，为了事前做好备料工作，可采用间接计算法。当设计图纸等技术资料具备后，应按直接计算法进行计算调整。

间接计算法有概算指标法、比例计算法、类比计算法、经验估算法。

（二）材料总需求计划的编制

1. 编制依据

编制材料总需求计划时，其主要依据是项目设计文件、项目投标书中的“材料汇总表”、项目施工组织计划、当期物资市场采购价格及有关材料消耗定额等。

2. 编制步骤

计划编制人员与投标部门进行联系，了解工程投标书中该项目的“材料汇总表”。计划编制人员查看经主管领导审批的项目施工组织设计，了解工程工期安排和机械使用计划。根据企业资源和库存情况。对工程所需物资的供应进行策划，确定采购或租赁的范围；根据企业和地方主管部门的有关规定确定供应方式（招标或非招标，采购或租赁）；了解当期市场价格情况。

（三）材料计划期（季、月）需求计划的编制

1. 编制依据

计划期材料计划主要用来组织本计划期（季、月）内材料的采购、订货和供应等，其编制依据主要是施工项目的材料计划、企业年度方针目标、项目施工组织设计和年度施工计划、企业现行材料消耗定额、计划期内的施工进度计划等。

2. 确定计划期材料需用量

确定计划期（季、月）内材料的需用量常用以下两种方法：①定额计算法。根据施工进度计划中各分部、分项工程量获取相应的材料消耗定额，求得各分部、分项的材料需用量，然后再汇总，求得计划期各种材料的总需用量。②分段法。根据计划期施工进度，从施工项目材料计划中，选出与施工进度相应部分的材料需用量，然后汇总，求得计划期各种材料的总需用量。

3. 编制步骤

季度计划是年度计划的滚动计划和分解计划，因此，欲了解季度计划，必须首先了解年度计划。年度计划是物资部门根据企业年初制订的方针目标和项目年度施工计划，通过套用现行的消耗定额编制的年度物资供应计划，是企业控制成本、编制资金计划和考核物资部门全年工作的主要依据。

月度需求计划也称备料计划，是由项目技术部门依据施工方案和项目月度计划编制的下月备料计划，也可以是年、季度计划的滚动计划，多由项目技术部门编制，经项目总工审核后报项目物资管理部门。

其编制步骤大致如下：①了解企业年度方针目标和本项目全年计划目标。②了解工程年度的施工计划。③根据市场行情，套用企业现行定额，编制年度计划。④编制材料备料计划。

二、材料供应计划

（一）材料供应量的计算

材料供应量的计算是材料供应计划在确定计划期需用量的基础上，预计各种材料的期初储存量、期末储备量，经过综合平衡后，计算出材料的供应量，然后再进行编制。

材料供应量 = 材料需用量 + 期末储备量 − 期初库存量

式中，期末储备量主要是由供应方式和现场条件决定的，在一般情况下也可按下列公式计算：

某项材料储备量 = 某项材料的日需用量 ×
（该项材料的供应间隔天数 + 运输天数 + 入库检验天数 + 生产前准备天数）

（二）材料供应计划编制原则

材料供应计划的编制，只是计划工作的开始，更重要的是组织计划的实施。而实施的关键问题是实行配套供应，即对各分部、分项工程所需的材料品种、数量、规格、时间及地点，组织配套供应，不能缺项，不能颠倒。

要实行承包责任制，明确供求双方的责任与义务以及奖惩规定，签订供应合同，以确保施工项目顺利进行。①

材料供应计划在执行过程中，如遇到设计修改、生产或施工工艺变更时，应做相应的调整和修订，但必须有书面依据，制订相应的措施，并及时通告有关部门，要妥善处理并积极解决材料的余缺，以避免和减少损失。

（三）材料供应计划的编制内容

材料供应计划的编制，要注意从数量、品种、时间等方面进行平衡，以达到配套供应、均衡施工。计划中要明确物资的类别、名称、品种（型号）、规格、数量、进场时间、交货地点、验收人和编制日期、编制依据、送达日期、编制人、审核人、审批人。

在材料供应计划执行过程中，应定期或不定期地进行检查，以便及时发现问题并及时处理解决。主要检查内容包括供应计划落实的情况、材料采购情况、订货合同执行情况、主要材料的消耗情况、主要材料的储备及周转情况等。

①赵丽平．建筑工程新技术新材料现场管理措施研究[J]．居舍，2024（25）：154-156.

三、材料控制

材料控制包括材料供应单位的选择及采购供应合同的订立、出厂或进场验收、储存管理、使用管理及不合格品处置等。施工过程是劳动对象“加工”“改造”的过程，是材料使用和消耗的过程，在此过程中材料管理的中心任务就是检查、保证进场施工材料的质量，妥善保管进场的物资，严格、合理地使用各种材料，降低消耗，保证实现管理目标。

（一）材料供应

为保证供应材料的合格性，确保工程质量，要对生产厂家及供货单位进行资格审查，审查内容有生产许可证、产品鉴定证书、材质合格证明、生产历史、经济实力等。采购合同内容除双方的责、权、利外，还应包括采购对象的规格、性能指标、数量、价格、附件条件和必要的说明。

（二）材料进场验收

1. 材料进场验收的目的

材料进场验收的目的是划清企业内部和外部经济责任，防止进料中的差错事故和因供货单位、运输单位的责任事故造成企业不应有的损失。

2. 材料进场验收的要求

材料进场验收的要求主要有：①材料验收必须做到认真、及时、准确、公正、合理。②严格检查进场材料的有害物质含量检测报告，按规范应复验的必须复验，无检测报告或复验不合格的应予退货。③材料进场前，应根据平面布置图进行存料场地及设施的准备。④在材料进场时必须根据进料计划、送料凭证、质量保证书或产品合格证进行质量和数量验收。

3. 材料验收的方法

双控把关：为了确保进场材料合格，对预制构件、钢木门窗、各种制品及机电设备等大型产品，在组织送料前，由两级材料管理部门业务人员会同技术质量人员先行看货验收；进库时再由保管员和材料业务人员一起进行组织验收方可入库。对于水泥、钢材、防水材料、各类外加剂实行检验双控，既要有出厂合格证，还要有实验室的合格试验单方可接收入库以备使用。

联合验收把关：对直接送到现场的材料及构配件，收料人员可会同现场的技术质量人员联合验收；进库物资由保管员和材料业务人员一起组织验收。

收料员验收把关：收料员对有包装的材料及产品，应认真进行外观检验；查看规格、品种、型号是否与来料相符，宏观质量是否符合标准，包装、商标是否齐全完好。

提料验收把关：总公司、分公司两级材料管理的业务人员到外单位及材料公司各仓库提送料时，要认真检查验收提料的质量、索取产品合格证和材质证明书。送到现场（或仓库）后，应与现场（仓库）的收料员（保管员）进行交接验收。

4. 质量验收的要求

材料进场质量验收工作按质量验收规范和计量检测规定进行，并做好记录和标识，办理验收手续。施工单位对进场的工程材料进行自检合格后，还应填写“工程材料/构配件/设备报审表”，报请监理工程师进行验收。对不合格的材料应更换、退货或让步接收（降低使用），严禁使用不合格材料。

一般材料外观检验，主要检验规格、型号、尺寸、色彩、方正、完整及有无开裂；专用、特殊加工制品外观检验，应根据加工合同、图纸及资料进行质量验收；内在质量验收，由专业技术员负责，按规定比例抽样后，送专业检验部门检验力学性能、化学成分、工艺参数等技术指标。

数量验收主要是核对进场材料的数量与单据数量是否一致。材料的种类不同，点数或量方的方法也不相同。对计重材料的数量验证，原则上以进货方式进行验收；以磅单验收的材料应进行复磅或监磅，磅差范围不得超过国家规范，超过规范应按实际复磅重量验收；以理论重量换算交货的材料，应按照国家验收标准规范作检尺计量换算验收，理论数量与实际数量的差超过国家标准规范的，应作为不合格材料处理。不能换算或抽查的材料一律过磅计重，计件材料的数量验收应全部清点件数。

材料进场抽查检验应配备必要的计量器具，对进场、入库、出库材料严格计量把关，并做好相应的验收记录和发放记录。对有包装的材料，除按包件数实行全数验收外，属于重要的、专用的易燃易爆、有毒物品应逐项逐件点数、验尺和过磅。属于一般通用的，可进行抽查，抽查率不得低于10%。砂石等大堆材料按计量换算验收，抽查率不得低于10%。水泥等袋装的材料按袋点数，抽查率不得低于10%。散装的除采取措施卸净外，按磅数抽查。

构配件实行点件、点根、点数和验尺的验收方法。

四、材料保管

（一）材料发放及领用

材料发放及领用是现场材料管理的中心环节，标志着料具从生产储备转向生产消耗。必须严格执行领发手续，明确领发责任，采取不同的领发形式。凡有定额的工程用料，都应实行限额领料。

（二）现场材料保管

在材料保管、保养过程中，应定期对材料数量、质量、有效期限进行盘查核对，对盘查中出现的问题，应有原因分析、处理意见及处理结果反馈。

施工现场易燃易爆、有毒有害物品和建筑垃圾必须符合环保要求。

怕日晒雨淋、温度湿度要求高的材料必须入库存放。

可以露天保存的材料，应按其材料性能上盖下垫，做好围挡。建筑物内一般不存放材料，确需存放时，必须经消防部门批准，并设置防护措施后方可存放，并标识清楚。

（三）材料使用监督

材料管理人员应该对材料的使用进行分工监督，检查是否认真执行领发手续，是否合理堆放材料，是否严格按设计参数用料，是否严格执行配合比，是否合理用料，是否做到工完料净、工完退料、场退地清、谁用谁清，是否按规定进行用料交底和工序交接，是否按要求保管材料等。检查是监督的手段，检查要做到情况有记录、问题有（原因）分析、责任定明确、处理有结果。

（四）材料回收

班组余料应回收，并及时办理退料手续，处理好经济关系。设施用料、包装物及容器在使用周期结束后组织回收，并建立回收台账。

五、周转材料管理

（一）管理范围

模板：大模板、滑模、组合钢模、异形模、木胶合板、竹模板等。

脚手架：钢管、钢架管、碗扣、钢支柱、吊篮、竹塑板等。

其他周转材料：卡具、附件等。

（二）堆放

大模板应集中码放，采取防倾斜等安全措施，设置区域围护并标识。

组合钢模板、竹木模板应分规格码放，便于清点和发放，一般码十字交叉垛，高度应控制在180cm以下，并标识。

钢脚手架管、钢支柱等应分规格顺向码放，周围用围栏固定，减少滚动，便于管理，并标识。

周转材料零配件应集中存放，装箱、装袋，做好防护工作，减少散失并标识。

（三）使用

周转材料如连续使用的，每次使用完都应及时清理、除污，涂刷保护剂，分类码放，以备再用。如不再使用的，应及时回收、整理和退场，并办理退租手续。

第四节 机械设备管理

一、施工机械设备的获取

施工机械设备的获取方式有以下几种：①从本企业专业机械租赁公司租用已有的施工机械设备。②从社会上的建筑机械设备租赁市场租用设备。③进入施工现场的分包工程施工队伍自带施工机械设备。④企业为本工程新购买施工机械设备。

二、施工机械设备的选择

施工机械设备选择的总原则是经济合理和切合需要。

（一）经济合理

对施工设备的技术经济性进行分析，选择既满足生产需求、技术先进又经济合理的施工设备。结合施工项目管理规划，分析购买和租赁的分界点，进行合理配备。如果设备数量多，但相互之间使用不配套，不仅机械性能不能充分发挥，而且会造成经济上的浪费。

（二）切合技术需求

现场施工设备的配套必须考虑主导机械和辅助机械的配套关系，在综合机械化组列中前后工序施工设备之间的配套关系，大、中、小型工程机械及劳动工具的多层次结构的合理比例关系。

（三）综合考虑机械特性

如果多种施工机械的技术性能可以满足施工工艺要求，还应对各种机械的下列特性进行综合考虑：工作效率、工作质量、施工费和维修费、能耗、操作人员及其辅助工作人员、安全性、稳定性、运输、安装、拆卸及操作的难易程度、灵活性、机械的完好性、维修难易程度、对气候条件的适应性、对环境保护的影响程度等。①

三、施工机械设备需求计划

施工机械设备需求计划一般由项目经理部机械设备管理员负责编制。中小型机械设备一般由项目部主管项目经理审批。大型机械设备经主管项目经理审批后，还需报企业有关部门审批，方可实施运作。

四、施工机械设备验收

（一）企业的设备验收

企业要建立健全设备购置验收制度。企业新购置的设备，尤其是大型施工机械设备和进口的机械设备，相关部门和人员要认真进行检查验收，及时安装、调试、移交使用，以便在索赔期内发现问题，及时办理索赔手续。同时要按照国家档案管理要求，及时建立设备技术档案。

（二）工程项目的设备验收

工程项目要严格设备进场验收工作，一般中小型机械设备由施工员（工长）会同专业技术管理人员和使用人员共同验收。

①张珂馨．建筑工程机械设备安全管理探讨[J]．中国设备工程，2024（3）：76-78.

大型设备、成套设备需在项目经理部自检自查的基础上报请公司有关部门组织技术负责人及有关部门人员验收。

重点设备要组织具有认证或相关验收资质的第三方单位进行验收，如塔式起重机、电动吊篮、外用施工电梯、垂直卷扬提升架等。

五、施工机械设备的使用

（一）机械使用操作人员

机械操作人员持证上岗，是指通过专业培训考核合格后，经有关部门注册，操作证年审合格，并且在有效期范围内，所操作的机种与所持操作证上允许操作机种相吻合。此外，机械操作人员还必须明确机组人员责任，并建立考核制度，奖优罚劣，使机组人员严格按规范作业，并在本岗位上发挥出最优的工作业绩。机组人员责任制应对机长、机员分别制订责任内容，对机组人员做到责、权、利三者相结合，定期考核，奖罚明确到位，以激励机组人员努力做好本职工作，使其操作的设备在一定条件下发挥出最大效能。

为了使施工设备在最佳状态下运行使用，合理配备足够数量的操作人员并实行机械使用、保养责任制是关键。现场使用的各种施工设备应定机定组交给一个机组或个人，使之对施工设备的使用和保养负责。

操作人员在开机前、使用中、停机后，必须按规定的项目和要求，对施工设备进行检查和例行保养，做好清洁、润滑、调整、坚固和防腐工作，经常保持施工设备的良好状态，提高施工设备的使用效率，节约使用费用，实现良好的经济效益，并保证施工的正常进行。

（二）维修和保养

机械设备的管理、使用、保养与修理是几个互相影响、不可分割的方面。管好、养好、修好的目的是使用，但如果只强调使用，而忽视管理、保养、修理，则不能达到更好的使用目的。

1. 维修

机械在使用过程中，其零部件会逐渐产生磨损、变形、断裂等有形磨损现象，随着时间的推移，有形磨损会逐渐增加，使机械技术状态逐渐恶化而出现故障，导致不能正常作业，甚至停机。为维持机械的正常运转，更换或修复磨损失效的零件，并对整机或局部进行拆卸、调整的技术作业称为修理。

修理计划。机械设备的修理计划是企业组织机械修理的指导性文件，也是企业生产经营计划的重要组成部分。企业机械管理部门按年、季度编制机械大修、中修计划。编制修理计划时，要结合企业施工生产需要，尽量利用施工淡季，优先安排生产急需的重点机械设备，并做好各机械设备年度修理力量的平衡。

修理分类。机械设备的修理可分为大修、中修和零星小修。

修理方式。有故障修理、定期修理、按需修理、综合修理、预知修理。

2. 保养

保养是指在零件尚未达到极限磨损或发生故障以前，对零件采取相应的维护措施，以降低零件的磨损速度，消除产生故障的隐患，从而保证机械正常工作，延长使用寿命。

保养的内容包括清洁、紧固、调整、润滑、防腐。

保养所追求的目标是提高机械效率、减少材料消耗和降低维修费用。因此，在确定保养项目内容时，应充分考虑机械类型及新旧程度，使用环境和条件，维修质量，燃料油、润滑油及材料配件的质量等因素。

第五节 技术管理

一、项目技术管理

运用系统的观点、理论与方法对项目的技术要素与技术活动过程进行的计划、组织、监督、控制、协调等全过程、全方位的管理称为项目技术管理。项目技术管理工作一般可以分成两大部分：①建筑业企业技术管理基础工作。这部分工作是企业的经常性工作、基础工作。②施工项目经理部负责在施工过程中的基本技术管理工作。这部分工作是阶段性工作，只有当企业承担某施工项目的承包任务并成立项目经理部时，这部分工作才会发生。

二、项目技术管理制度

（一）图纸审查制度

图纸审查主要是为了学习和熟悉工程技术系统，并检查图纸中出现的问题。图纸包括设计单位提交的图纸以及根据合同要求由承包商自行承担设计和深化的图纸。图纸审查的步骤包括学习、初审、会审3个阶段。

图纸审查中提出的问题，应详细记录整理，以便与设计单位协商处理。在施工过程中应严格按照合同要求执行技术核定和设计变更签证制度，所有设计变更资料都应纳入工程技术档案。

（二）技术交底制度

技术交底是在前期技术准备工作的基础上，在开工前以及分部、分项工程及重要环节正式开始前，对参与施工的管理人员、技术人员和现场操作工人进行的一次性交底，其目的是使参与施工的人员对施工对象从设计情况、建筑施工特点、技术要求、操作注意事项等方面有一个详细的了解。①

三、技术复核制度

凡是涉及定位轴线，标高，尺寸，配合比，皮数杆，预留洞口，预埋件的材质、型号、规格，预制构件吊装强度等技术数据，都必须根据设计文件和技术标准的规定进行复核检查，并做好记录和标识，以避免因技术工作疏忽差错而造成工程质量和安全事故。

四、施工项目管理规划审批制度

施工项目管理实施规划必须经企业主管部门审批，才能作为建立项目组织机构、施工部署、落实施工项目资源和指导现场施工的依据。当实施过程中主、客观条件发生变化，需要对施工项目管理实施规划进行修改、变更时，应报请原审批人同意后方可实施。

①郝宗金，杨伟东．浅析建筑工程技术管理工作水平的提升策略[J]. 房地产世界，2024（13）：134-136.

五、工程洽商、设计变更管理制度

施工项目经理部应明确责任人，做到使设计变更所涉及的内容、变更项所在图纸编号、节点编号清楚，内容详尽，图文结合，明确变更尺寸、单位、技术要求。工程洽商、设计变更涉及技术、经济、工期诸多方面，施工企业和项目部应实行分级管理，明确各项技术洽商分别由哪一级、谁负责签证。

六、施工日记制度

施工日记既可用于了解、检查和分析施工的进展变化、存在问题与解决问题的结果，又可用于辅助证实施工索赔、施工质量检验评定以及质量保证等原始资料形成过程的客观真实性。

七、施工项目技术管理的工作内容

（一）施工技术标准和规范的执行

在施工技术方面，已颁发的一整套国家或行业技术标准和技术规范是建立和维护正常的生产和工作程序应遵守的准则，具有强制性，对工程实施具有重要的指导作用。

企业应自行制订反映企业自身技术能力和要求的企业标准，以执行和遵守国家标准，企业标准应高于国家或行业的技术标准。

为了保证技术规范的落实，企业应组织各级技术管理人员学习和理解技术规范，并在实践中进行总结，对技术难题进行技术攻关，使企业的施工技术不断提高。

（二）技术工作原始记录

技术工作原始记录包括建筑材料、构配件、工程用品及施工质量检验、试验、测量记录，图纸会审和设计交底、设计变更、技术核定记录，工程质量与安全事故分析与处理记录，施工日记等。

（三）技术档案与科技情报

技术档案包括设计文件（施工图）、施工项目管理规划、施工图放样、技术措施以及施工现场其他实际运作形成的各类技术资料。

科技情报的工作任务是及时收集与施工项目有关的国内外科技动态和信息，正确、迅速地报道科技成果，交流实践经验，为实现改革和推广新技术提供必要的技术资料，内容主要包括：①建立信息机构，将情报工作制度化、经常化。②积极开展信息网络活动，大力收集国内外同行业的科技资料，尤其是先进的科技资料和信息，并及时提供给生产部门。③组织科技资料与信息的交流，介绍有关科技成果和新技术，组织研讨会，研究推广应用项目及确定攻关课题。

（四）计量工作

计量工作包括计量技术和计量管理，具体内容有：计量人员职责范围、仪表与器具使用、运输、保管，制订计量工作管理制度，为施工现场正确配置计量器具，合理使用、保管并定期进行检测和及时修理或更换计量器具，确保所有仪表与器具精度、检测周期和使用状态符合要求。

第六节 资金管理

一、项目资金管理的目的

（一）保证收入

生产的正常进行需要一定的资金来保证，项目经理部资金的来源，包括公司拨付资金、向发包人收取工程进度款和预付备料款，以及通过公司获取银行贷款等。

我国工程造价多数采用暂定量或合同价款加增减账结算。抓好工程预算结算，以尽快确定工程价款总收入，是施工单位工程款收入的保证。开工以后，随着工、料、机的消耗，生产资金陆续投入，必须随工程施工进展抓紧抓好已完工程的工程量确认及变更、索赔、奖励等工作，及时向建设单位办理工程进度款的支付。

在施工过程中，特别是工程收尾阶段，注意抓好消除工程质量缺陷，保证工程款足额拨付工作，因为工程质量缺陷暂扣款有时需占用较大资金。同时还要注意做好工程保修，以利于5%工程尾款（质量保证金）在保修期满后及时回收。

（二）提高经济效益

项目经理部在项目完成后要做出资金运用状况分析，确定项目经济效益。项目效益的好坏，很大程度上取决于能否管好用好资金。

必须合理使用资金，在支付工、料、机生产费用上，考虑货币的时间因素，签好有关付款协议，货比三家，压低价格。承揽任务，履行合同的最终目的是取得利润，只有通过“销售”产品收回了工程价款，取得了盈利，成本得到补偿，资金得到增值，企业再生产才能顺利进行。①

一旦发生呆账、坏账，应收工程款只停留在财务账面上，利润就不实了。为此，抓资金管理，就投入生产循环往复不断发展来讲，既是起点也是终点。

（三）节约支出

抓好开源节流，组织好工程款回收，控制好生产费用支出，保证项目资金正常运转，在资金周转中使投入能得到补偿并增值，才能保证生产持续进行。

（四）防范资金风险

项目经理部对项目资金的收入和支出要做到合理的预测，对各种影响因素进行正确评估，才能最大限度地避免资金的收入和支出风险。

二、项目资金收支计划

（一）项目资金收入与支出的管理原则

项目资金收入与支出的管理原则主要涉及资金的回收和分配两个方面。资金的回收直接关系到工程项目能否顺利进行；而资金的分配则关系到能否合理使用资金，能否调动各种关系和相关单位的积极性。

项目资金的收支原则有：①以收定支原则，即以收入确定支出。这样做虽然可能使项目的进度和质量受到影响，但可以不加大项目资金成本，对某

①苏杭．建筑企业工程项目资金管理策略研究[J]. 环渤海经济瞭望，2024（9）：70-73.

些工期紧迫或施工质量要求较高的部位，应视具体情况采取区别对待的措施。②制订资金使用计划原则，即根据工程项目的施工进度、业主支付能力、企业垫付能力、分包或供应商承受能力等制订相应的资金计划，按计划进行资金的回收和支付。

（二）项目资金收支计划的内容

项目资金计划包括收入方和支出方两部分。收入方包括项目本期工程款等收入，向公司内部银行借款，以及月初项目的银行存款。支出方包括项目本期支付的各项工料费用，上缴利税基金及上级管理费，归还公司内部银行借款，以及上月末项目银行存款。工程前期投入一般要大于产出，主要是现场临时建筑、临时设施、部分材料及生产工具的购置，对分包单位的预付款等支出较多，另外还可能存在发包方拖欠工程款，使得项目存在较大债务的情况。

在安排资金时要考虑分包人、材料供应人的垫付能力，在双方协商的基础上安排付款。在资金收入上要与发包方协调，促其履行合同并按期拨款。

三、项目资金收支计划的编制

（一）年度资金收支计划的编制

根据施工合同工程款支付的条款和年度生产计划安排，预测年内可能达到的资金收入，再参照施工方案，安排工、料、机费用等资金分阶段投入，做好收入和支出在时间上的平衡。

年度资金收支计划编制时，关键是要摸清工程款到位情况，测算筹集资金的额度，安排资金分期支付，平衡资金，确定年度资金管理工作总体安排。这对保证工程项目顺利施工，保证充分的经济支付能力，稳定队伍，提高职工生活水平，顺利完成各项税费基金的上缴十分重要。

（二）月、季度资金收支计划的编制

月、季度资金收支计划的编制是年度资金收支计划的落实与调整。要结合生产计划的变化，安排好月、季度资金收支计划，重点是月度资金收支计划。以收定支，量入为出，根据施工月度作业计划，计算出主要工、料、机费用及分项收入，结合材料月末库存，由项目经理部各用款部门分别编制材

料、人工、机械、管理费用及分包费支出等分项用款计划，经平衡确定后报企业审批实施。月末最后5日内提出执行情况分析报告。

四、项目资金的使用

建筑业企业为了便于资金管理，确保资金的使用效率，往往在企业的财务部门设立项目专用账号，由财务部门对所承建的施工项目进行项目资金的收支预测，统一对外收支与结算。而施工项目经理则负责项目资金的使用管理。

参考文献

[1] 翟峥. 浅析建筑装饰装修工程施工技术及质量控制[J]. 中国建筑装饰装修，2024（18）：162-164.

[2] 段杨慧. 建筑给排水系统节能节水技术分析[J]. 中国资源综合利用，2024，42（10）：249-252+256.

[3] 高秉翠. 建筑室内吊顶施工及注意事项[J]. 中国建筑装饰装修，2022（8）：101-103.

[4] 郭帅. 建筑工程的进度管理分析[J]. 建材发展导向，2024，22（19）：83-85.

[5] 郭帅. 论进度管理在建筑工程管理中的重要性[J]. 建材发展导向，2024，22（17）：84-86.

[6] 韩寿兵. 基础工程施工[M]. 北京：北京理工大学出版社，2019.

[7] 郝宗金，杨伟东. 浅析建筑工程技术管理工作水平的提升策略[J]. 房地产世界，2024（13）：134-136.

[8] 胡建文，成浩，常亮，等. 西部严寒地区公共建筑遮阳技术研究[J]. 建设科技，2023（3）：29-31.

[9] 金莉莉. 建筑企业成本管理存在的问题及对策[J]. 上海企业，2024（11）：85-87.

[10] 李荣健. 基础工程施工[M]. 天津：天津大学出版社，2016.

[11] 李伟. 关于建筑工程管理中常见问题及对策分析[J]. 中国建筑装饰装修，2022（2）：100-101.

[12] 栗国斌. 建筑工程中门窗施工技术的思考[J]. 门窗，2016（9）：27-28.

[13] 梁波. 建筑工程施工成本控制探讨[J]. 散装水泥，2024（5）：178-180.

[14] 梁涛. 建筑工程施工安全管理存在的问题及解决策略[J]. 城市建设理论研究（电子版），2024（28）：49-51.

[15] 罗筠，王松．基础工程施工[M]. 重庆：重庆大学出版社，2020.
[16] 苏杭．建筑企业工程项目资金管理策略研究[J]. 环渤海经济瞭望，2024（9）：70-73.
[17] 孙亨杰．控制建筑外墙涂料工程质量的重要性与措施分析[J]. 工程与建设，2022，36（4）：1150-1152.
[18] 谭佳勇．建筑工程项目安全事故分析与预控[J]. 建筑安全，2020，35（5）：49-51.
[19] 王栋，任兆胜．建筑围护结构节能改造技术研究[J]. 砖瓦，2024（8）：83-85+88.
[20] 王丽梅，胡婷，黄小亚．建筑工程施工技术[M]. 第2版．成都：西南交通大学出版社，2024.
[21] 王媛，孟晓静，李延鹏，等．青海地区居住建筑外围护结构冬季传热过程研究[J]. 新型建筑材料，2024，51（9）：72-75.
[22] 魏超．房屋建筑工程施工进度控制及质量管理[J]. 智能城市，2022，8（12）：66-68.
[23] 魏悦虹．SZ施工企业多项目资源管理研究[D]. 西安：西安建筑科技大学，2019.
[24] 肖义涛，林超，张彦平．建筑施工技术与工程管理[M]. 长春：吉林人民出版社，2022.
[25] 徐宁．建筑施工企业成本管理的现状与改进策略[J]. 商业2.0，2024（24）：36-38.
[26] 杨振，赵营征，李佳祎，等．建筑外墙装饰抹灰施工技术分析策略[J]. 中国建筑装饰装修，2022（3）：185-186.
[27] 詹晖，曾维新，关健，等．深基坑土方工程安全技术分析[J]. 建筑技术开发，2021，48（11）：157-158.
[28] 张珂馨．建筑工程机械设备安全管理探讨[J]. 中国设备工程，2024（3）：76-78.
[29] 张坤，樊荣．简述建筑工程楼地面工程施工策略[J]. 中国住宅设施，2022（10）：100-102.
[30] 张朋，魏时文，刘长龙．现代建筑工程管理与施工技术应用[M]. 长

春：吉林科学技术出版社，2023.

[31] 张世亮，戚桓瑜，颜鲁薪．太阳能技术在我国西北地区智能化温室大棚中的应用[J]. 农家参谋，2020（21）：152-153.

[32] 张硕．超高层建筑新材料的选择及其在节能设计中的应用[J]. 居舍，2023（14）：78-80.

[33] 张欣毅，寇寰，张龙梅．建筑节能照明设计研究[J]. 光源与照明，2022（5）：36-38.

[34] 张长鹤，苏慧慧，赵炳理．西北干旱地区海绵城市建设探讨[J]. 住宅产业，2024（4）：22-24.

[35] 赵继伟，张炎生．地基基础工程施工[M]. 天津：天津科学技术出版社，2018.

[36] 赵丽平．建筑工程新技术新材料现场管理措施研究[J]. 居舍，2024（25）：154-156.

[37] 赵旭．建筑装饰饰面工程施工工艺[J]. 四川水泥，2017（06）：276.

[38] 郑萍．建筑工程项目中的人力资源配置与管理研究[J]. 现代企业文化，2024（5）：142-144.